Walter Mooslechner

Gebirgswasser, Schnee und Eis

VERLAG ANTON PUSTET

Walter Mooslechner

Gebirgswasser
Schnee und Eis

VERLAG ANTON PUSTET

Impressum

Bibliografische Information der Deutschen Nationalbibliothek
Die Deutsche Nationalbibliothek verzeichnet diese Publikation
in der Deutschen Nationalbibliografie; detaillierte bibliografische
Daten sind im Internet über http://dnb.d-nb.de abrufbar.

© 2019 Verlag Anton Pustet
5020 Salzburg, Bergstraße 12
Sämtliche Rechte vorbehalten.

Grafik, Satz und Produktion: Tanja Kühnel
Lektorat: Anja Zachhuber
Druck: Christian Theiss GmbH, St. Stefan im Lavanttal
Gedruckt in Österreich

ISBN 978-3-7025-0955-2

www.pustet.at

Inhalt

Gebirgswasser – ein glasklares Element

Bei meinen unzähligen Bergwanderungen als pensionierter Förster stehe ich mit der Natur in sehr enger Verbindung. Flora und Fauna erfreuen mich durch ihre artenreiche Schönheit und gewähren dem aufmerksamen Auge einen faszinierenden Einblick in ihre Vielfalt. Unzähligen Käfern, bunten Schmetterlingen und anderen Insekten bietet die Natur den notwendigen Lebensraum. Sie leben oft im Verborgenen, erfüllen aber wichtige Aufgaben. Mannigfaltige Bedingungen ermöglichen eine breite Vielfalt des Lebens. All das ist nur möglich durch Wasser. Der Mensch besteht durchschnittlich zu 65 Prozent aus Wasser, Tiere und Pflanzen sogar bis zu 90 Prozent.

Besonders in der Bergwelt begeistern uns sprudelnde Quellen, rauschende Gebirgsbächlein, tosende Wasserfälle und stille Bergseen. Lebendes Wasser bedarf der Freiheit und fließt über und unter der Erde. Bergsteiger und Naturliebhaber kennen in dem strahlend im Glanz der Hochgebirgssonne leuchtenden Gletschereis die überaus vielseitige und prächtige Modifikation des Wassers auf seiner weiten Reise zwischen Himmel und Erde. Naturbelassene Wasserläufe bilden in sich drehende Bewegungen und holen nach Meinung vieler nicht nur wertvolle Mineralien, sondern auch Energie aus Gesteinen. Obwohl das kostbare Nass (H_2O) wissenschaftlich weitgehend erforscht ist, birgt es noch etliche Geheimnisse, die nach dem heutigen Stand der Wissenschaft nicht nachweisbar und erklärbar sind. Verschiedene Physiker und Naturforscher glauben, dass Wasser eine Art Gedächtnis hat und befähigt ist, gewisse Informationen zu speichern. Je nach den Umgebungsverhältnissen erscheint Wasser flüssig, fest oder gasförmig. Es kann friedlich und nutzbringend sein, ist aber auch in der Lage, Schadstoffe, Gifte, Viren und Bakterien aufzunehmen und zu verbreiten.

Durch den Eingriff des Menschen in den natürlichen Wasserkreislauf sind viele Quellen versiegt, woraus gebietsweise Wassernot entsteht. Ein enormes Problem für die Zukunft, denn alles Leben auf Erden ist an das Vorkommen von Wasser gebunden. Das kleinste Samenkorn kann erst gedeihen, wenn es mit Wasser in Berührung kommt.

Viele Gebirgsformationen sind auch heute noch reich mit Wasser gesegnet. Allein im Schutzgebiet des Nationalparks Hohe Tauern existieren 279 Bäche, 26 bedeutende Wasserfälle und 551 Seen. Das kostbare Gebirgswasser mit all seinen positiven Eigenschaften und verschiedenartigen Erscheinungsformen ist eine zauberhafte Welt für sich. Unzählige Lebewesen und eine bunte Pflanzenwelt finden hier einen geeigneten Lebensraum. Jede Veränderung kann zum Aussterben, zu Abwanderung, aber auch zu unerwünschter Massenvermehrung der jeweiligen Pflanzen und Tiere führen. Die artenreiche Mikrofauna reagiert schnell und weittragend gegenüber einem Wandel der Umweltfaktoren.

Immer wieder zieht es mich in die Natur, um den wunderbaren Klangfarben eines rauschenden Gebirgsbaches zu lauschen. Es ist mir dabei, als hörte ich das klingende Spiel eines Orchesters, in dem jedes Instrument seiner Melodie folgt. In Gedanken versunken fühle ich mich hier dem Urquell allen Lebens am nächsten und eng verbunden.

Wasser als großer Teil unseres Körpers birgt in all seinen Formen geballte Energie und volle Schönheit. Es gilt als Gebot der Stunde, den kostbaren Naturschatz zu hüten und für die nächsten Generationen zu erhalten.

Die Lebewelt des Gebirgsbaches

Unsere Alpentäler sind reich mit glasklarem Gebirgswasser gesegnet. Vom steilen Gelände rieselt das Wasser junger Quellen und vereinigt sich mit weiteren Gerinnen und Wasserabläufen zum schäumenden Gebirgsbach. Das sprudelnde Nass überwindet Gestein, Geländestufen und Felsformationen und reichert sich durch kreisende und drehende Bewegungen mit Mineralien und Sauerstoff an. Die Alpen erhalten nicht nur mehr Niederschläge, sie lassen auch entsprechend größeren Anteil des Niederschlagswassers abfließen. Obwohl ein Gebirgsbach seinen Bewohnern äußerst schwierige Lebensbedingungen stellt, findet sich darin reiches tierisches Leben. Viele Wasserbewohner sind winzig klein und nur bei genauer Beobachtung zu entdecken. Abgesehen von wenigen Ausnahmen finden sich in der Bachfauna keinerlei luftatmende Formen. Solchen Tieren wäre

es nicht möglich, zur Wasseroberfläche aufzusteigen, ohne von der Strömung fortgerissen zu werden. Der enorme Sauerstoffreichtum des Bergbaches ermöglicht den Lebewesen durch Kiemen, Darm- und Hautatmung den lebensnotwendigen Sauerstoff aufzunehmen. Die meisten Kleintiere in den reißenden Bächen bewegen sich nicht frei im Wasser. Sie trotzen der Strömung mit besonderen Anpassungsstrategien. So sind Eintagsfliegenlarven so weit abgeplattet, dass sie der Wasserströmung nur wenig

Köcherfliegenlarve.

Die weit verbreitete Bachforelle (*Salmo trutta fario*) bevorzugt sauerstoffreiche, kühle und fließende Gewässer.

Als Lebensgrundlage benötigen Forellen sauberes und sauerstoffreiches Wasser.

Ästchen, die ins Gehäuse eingebaut sind, ausgestattet. So zum Beispiel ist das bei Fliegenlarven und Mückenlarven, Hackenkäfern, Mooskäfern und Wassermilben der Fall. Scharfe Trennungslinien lassen sich in der Welt dieser Kleinlebewesen des Gebirgswassers nicht ziehen. Manche Larven der Steinfauna findet man im Jugendstadium im Moos und die Wassermilben bevorzugen zur Laichablage wiederum Stein. Auch die in der Moosfauna anzutreffende Kleine Schnecke laicht auf Steinen. Viele Vertreter der Bachfauna verbringen einen Teil ihres Lebens in der Luft oder im feuchten Erdreich.

Widerstand bieten. Zudem befinden sich die Augen auf der Rückenseite und die breite Unterseite haftet fest am Gestein. Schneckenarten halten sich wiederum durch Saugnäpfe oder saugnapfartige Ausbildungen am Untergrund fest. Manche Fliegenlarven spinnen oder kleben ihre Gehäuse auf der Unterlage an und verhindern so ein Fortreißen mit der Strömung. Puppen von manchen Mücken haften direkt mit einem Klebesekret an Fels oder Gestein.

Grundsätzlich wird bei den Kleinlebewesen in Bächen zwischen der Tierwelt der Moospolster und der Steinfauna unterschieden. In der Steinfauna finden sich abgeplattete Formen wie die Eintagsfliegenlarven, Steinfliegenlarven, Köcherfliegenlarven und Mückenlarven. Die Körperformen bieten der Strömung wenig Widerstand. Die Fauna der Moospolster ist mit Krallen und Borsten oder mit sperrigen

Außer der Gebirgsforelle und Koppe gibt es in Gebirgsbächen wenig schwimmende Arten. Sie benötigen als Lebensgrundlage zwingend sauberes und sauerstoffreiches Wasser. In den Gewässern der Gebirge finden Forellen durch Krebstiere, Insektenlarven sowie Vollinsekten reichlich Nahrung. Forellen besitzen die außergewöhnliche Fähigkeit, im Sog eines Wasserfalls mehrere Höhenmeter zu überwinden. So sind sie in der Lage, bis zum Ursprung der Bäche vorzudringen. Die weit verbreitete Bachforelle gehört zur Familie der Lachsfische und bevorzugt sauerstoffreiche, kühle und fließende Gewässer.

Die Wasseramsel

Die rundlich wirkende Wasseramsel ist etwas kleiner als der Star und zeigt sich in der Natur als lebhafter Bewohner

Wasseramseln (*Cinclus cinclus*) sind Meister im Tauchen und ergänzen so ihr Nahrungsangebot.

klarer, strömungs- und sauerstoffreicher Fließgewässer bis in Höhenlagen von 2 500 Meter. Bevorzugt werden Gewässer mit steinigem oder kiesigem Untergrund, kleine Wasserfälle, Felsen im Wasserlauf sowie streckenweise mit Sträuchern bewachsene Ufer. Da die Bewohner klarer Gebirgsgewässer auch zur strengen, kalten Winterszeit im Brutgebiet verweilen, ist die Eisfreiheit im Winter wichtig. Frieren die Nahrungsgewässer über einen längeren Zeitraum zu, wandern die Vögel ab. Die gewässerabhängigen Tiere, die auch in tieferen Lagen an Flüssen heimisch sind, besitzen besondere Fähigkeiten. Wasseramseln sind Meister im

Tauchen und ergänzen so ihr Nahrungsangebot. Tauchgänge dauern bis zu 15 Sekunden, dabei bleiben Nase und Ohren verschlossen. Unter Wasser wenden die Spezialtaucher sogar im Gewässerboden liegende Steinchen und lösen die festsitzenden Beutetierchen. Trotz des Rauschens der Gebirgsbäche ist für Naturbeobachter das reichhaltige Stimmenrepertoire der zwitschernden und trillernden Vögel wahrnehmbar. Die Paarbildung erfolgt meist im Herbst und erreicht während des Spätwinters ihren Höhepunkt. Gleich dem Verhalten anderer Gebirgsbewohner wie dem Auerhahn, haben auch Wasseramseln den Wonnemonat Mai vorverlegt und

mit einer warm ausgestatteten Nestmulde legt das Weibchen 5–6 weiße Eier. Nach einer Brutdauer von 16 Tagen schlüpfen die Jungvögel, die noch einige Wochen von den Eltern betreut werden.

Wasseramseln sind weitgehend standorttreu, alle Nester werden gewöhnlich immer wieder nach entsprechender Ausbesserung benützt. Zu den natürlichen Feinden der Wasseramsel zählen Greifvögel, Marder und Schermäuse. Aber auch Flussbegradigungen, Uferverbauungen und andere wasserbauliche Maßnahmen, besonders in den 1960er-Jahren, führten zur Reduzierung der vorher hohen Bestände. Auch Hochwasser und sehr strenge, harte Winter, die Nahrungsgewässer zufrieren lassen, sind wesentliche Verlustursachen.

gehen in der eis- und schneebedeckten Umwelt auf Partnersuche. Selbst bittere Kälte und Schneetreiben können sie davon nicht abhalten. Die Hauptbalz der Wasseramsel erfolgt im Februar. In der tiefverschneiten Welt halten die Männchen tagelang Ausschau nach einer neuen Partnerin. Gleich dem Birkhahn und Auerhahn zeigen sich auch Wasseramseln von ihrer eindrucksvollsten Seite. Besondere Imponierflüge und Tauchmanöver gehören zum Balzritual des Männchens und sollen dazu dienen, die Weibchen anzulocken. Zeitweise stehen sich die Pärchen Brust an Brust mit zitternden, hängenden sowie auch erhobenen Flügeln gegenüber und springen sich singend an. Wasseramseln führen eine saisonale Ehe und so will man sich vorher auch entsprechend kennenlernen. Männchen sorgen sich um gut geeignete, gesicherte Nistplätze unter kleinen Wasserfällen, Uferböschungen mit Wurzelwerk, aber auch unter Brücken und Uferverbauungen von Bächen und Flüssen. Im kuscheligen Moosgeflecht

Die Gebirgs- oder Bergstelze

Neben der Wasseramsel finden auch die Gebirgsstelzen in der Nähe rauschender und schäumender Bergbäche mit rasch abfließendem, klarem Wasser einen geeigneten Lebensraum. Trotz ihres Namens sind Gebirgsstelzen auch im Flachland an schnell fließenden Gewässern mit Kiesufern und angrenzenden Waldungen anzutreffen. Im Gegensatz zu anderen Stelzenarten, etwa der Bachstelze, ist die Bergstelze eng an spezielle Gewässer gebunden. Der sehr lebhafte Vogel bewegt sich ständig und wippt laufend mit dem auffallend langen Schwanz. Die Oberseite der Gebirgs- oder Bergstelze ist aschgrau

Im Gegensatz zu anderen Stelzenarten ist die Gebirgs- oder Bergstelze (*Motacilla cinerea*) eng an spezielle Gewässer gebunden.

bis bräunlich grau, der Bürzel olivgrünlich bis gelb. Im Unterschied zur Bachstelze präsentiert sich die Gebirgsstelze mit einer deutlich sichtbaren, gelben Unterseite. Stelzenvögel verbringen die eiskalte Winterzeit in südlichen Regionen, bleiben aber auch als Standvögel in ihren Sommerrevieren. Hier ziehen die Tiere in tiefere Lagen zur Überwinterung. Als Nahrung dienen vor allem lebende Insekten und deren Larven, die im und am Wasser leben. Gleich der Bachstelze befindet sich das halbhöhlige Nest der Gebirgsstelze ausschließlich in steiler Böschung in Wassernähe. Die Nesterrichter sind in erster Linie die Weibchen, aber auch Männchen beteiligen sich daran. In das mit wärmenden Tierhaaren ausgepolsterte Nest legt das Weibchen 5–6 Eier. Nach der ersten Brutzeit im April ist eine weitere im Juni bis Juli möglich. Während der Saison halten die lebhaften Singvögel an ihrer Partnerschaft fest. Aufgrund der Reviertreue kommt es auch zu mehrjähriger Wiederpaarung.

Fallendes Wasser

Über steiles Felsgelände abstürzendes Wasser versetzt Naturliebhaber immer wieder in Faszination. Das fallende Gebirgswasser vermittelt eine besondere Anziehungskraft und sorgt für eine atemberaubende Naturwelt. Je nach Härte des örtlichen Gesteins entstanden über Jahrtausende sonderbare Felsformationen und tiefe Schluchten. Im Formenreichtum der zahlreichen Wasserfälle im gesamten Alpenraum ist der klassische freie, senkrechte Wasserabsturz eher selten anzutreffen. Allein im Nationalpark Hohe Tauern gibt es 26 bedeutende Wasserfälle. Die geballte Kraft des Wassers sorgt für imposante Landschaftsbilder.

Große Wassermengen erhöhen den Reiz eines Wasserfalls und fördern die Entstehung eines Sprühnebels. So bieten Wasserfälle besonders zur Schneeschmelze oder nach längerer Regenzeit einen fesselnden Anblick. Die Kraft

Mit einer Fallhöhe von 385 Metern über drei Stufen sind die Krimmler Wasserfälle die höchsten Wasserfälle Österreichs.

Zur Schneeschmelze im Frühjahr 2019 stürzten beim Tappenkar-Wasserfall gewaltige Wassermassen zu Tal.

des fallenden Wassers und das damit verbundene Mikroklima wirkt sich auch auf das Wohlbefinden der Menschen aus. Die Nähe zu den Wasserfällen bringt Allergikern und Asthmatikern spürbare Erleichterung. Die durch die Zerstäubung negativ ionisierte Luft gilt als gesundheitsfördernd. Im Sprühnebel des stürzenden Wassers gedeihen spezielle Pflanzenarten. Auch wasserliebende Tierarten fühlen sich hier wohl.

Besonders einige Vogelarten, verschiedene Moose, Flechten und Farne finden im Bereich von Wasserfällen einen bevorzugten Lebensraum. Von den unzähligen Wasserfällen in unserer Bergwelt treten einige besonders in Erscheinung.

Den Talschluss des Krimmler Achentales prägt eine hochalpine Gletscherwelt. Die aus 17 Gebirgsbächen gespeiste

Der Triefenfall in der Nähe von Hinterthal im Pinzgau gilt als seltenes Naturphänomen. Rechts: Der Gollinger Wasserfall.

Krimmler Ache findet ihren Weg über sanfte, 20 Kilometer lange Almböden. Vom riesigen Einzugsgebiet der Ache sind ca. 12 Prozent vergletschert. Die Urgewalt des kräftigen Gletscherbaches tritt erst am Talausgang in einer Höhenlage von 1 470 Metern in Erscheinung. Hier stürzen die tosenden Wassermengen über drei Fallstufen vor den Augen staunender Betrachter in das Krimmler Becken ab. Mit einer Fallhöhe von 385 Metern sind die Wasserfälle von Krimml die höchsten Fälle Österreichs und die fünfhöchsten Fälle der Welt. Schon im Jahr 1967 verlieh der Europarat den Krimmler Wasserfällen das „Europäische Diplom für Naturschutz". Die besondere Auszeichnung für das Naturereignis ersten Ranges wurde 1987 wiederholt.

Das Naturwunder im Krimmler Achental wurde schon sehr früh von Forschern und Touristen besucht. Ein erster Besichtigungsweg entstand im Jahr 1879, allerdings in einfachster Ausführung. Mit dem Bau der Eisenbahnstrecke von Zell am See nach Krimml im Jahr 1898 stieg auch die Besucherzahl stetig an. Der derzeitige, etwa 4 Kilometer lange Wasserfallweg wurde in den Jahren 1900–1901 deshalb von der ÖAV Sektion Warnsdorf neu errichtet und seither auch erhalten und betreut.

Der inmitten eines naturnahen Waldes befindliche Gollinger Wasserfall, auch Schwarzbachfall oder Schwarzenbach genannt, zählt als beliebtes Ausflugsziel im Bundesland Salzburg. Das aus einer Felshöhle entspringende Wasser stürzt in zwei Fallstufen rund 75 Meter tosend in die Tiefe. Bis zu 15 000 Liter Quellwasser pro Sekunde führt der mächtige Wasserfall am Fuße einer eindrucksvollen Bergwelt.

Zu den bekanntesten Wasserfällen in Österreich zählt der Wasserfall inmitten des Weltkurortes Bad Gastein. Die in drei Stufen abstürzenden Wassermassen bieten ein imposantes Naturschauspiel. Die Urgewalt des Wassers kommt mit einer Fallhöhe von rund 340 Metern im Wahrzeichen Bad Gasteins eindrucksvoll zur Geltung. Seit langer Zeit dient der Wasserfall als begehrtes Motiv vieler bekannter Maler und Künstler. Bewundernswert ist auch die im Jahr 1840 erbaute und 2010 generalsanierte Wasserfallbrücke in Stein. Am Fuße des fallenden Wassers wurde 1914 ein Kraftwerk errichtet, der Betrieb jedoch 1996 eingestellt. Die denkmalgeschützte Anlage dient als Museum und Café.

Ein seltenes Phänomen fallenden Wassers ist beim Triefenfall in der Nähe von Hinterthal im Pinzgau zu bestaunen. Etwa 2,5 Meter oberhalb des Urslaubaches befindet sich auf längerer Distanz eine undurchlässige Gesteinsschicht. Von hier aus treten unzählige glitzernde Wasserschnüre aus dem Berg. Der sonderbare Tropfvorhang gilt als schützenswert und wurde im Jahr 2001 zu einem Naturdenkmal des Landes Salzburg erklärt.

Der berühmte Wasserfall inmitten des Weltkurortes Bad Gastein.

Schillernde Gebirgsseen

Während mancherorts schäumendes
Bergwasser über steiles Felsgelände in
die Tiefe stürzt, schillern viele Gebirgsseen mit ruhiger Wasseroberfläche
in einer einzigartigen Farbenpracht.
Die wunderschöne Färbung ist auf die
Trübstoffe, den Algengehalt und auf die
Streuung und Aufnahme des Lichtes
im Wasser zurückzuführen. Kurzwel-
liges Licht wird wesentlich stärker ge-
streut und lässt reines Wasser in größerer Schichtdichte von oben in kräftigen
Blautönen erscheinen. Die verschiedenen Grün- bis Gelbbraun- und Blau-
grüntöne beruhen auch auf dem Algen-
bewuchs. Wenn sich die umliegende
Gipfelwelt im Wasser spiegelt, zeigt sich
die Natur in voller Pracht. Die in einer
Moränen-, Fels-, Moor- oder Waldland-
schaft liegenden Seen können in erster
Linie als Nebenprodukt der Gletscher-
erosionen und der spät- und nacheiszeitlichen Gestaltung der Landschaften
eingeordnet werden. Auch Bergrutsche,
Bergstürze und Vermurungen führen zu

Der Jägersee im Kleinarlertal
ist ein beliebtes Ausflugsziel.

Das Staubecken Enzingerboden
dient der Energiegewinnung.

27

Aufgrund seiner Wasserqualität ist der Königssee reich an Forellen und Saiblingen.

Seenbildungen. An aktiven Gletschern finden sich kurzzeitig auch Gletscherrandseen und Eisstauseen. Geheimnisvoll erscheinen periodische Gebirgsseen, die während längerer Trockenheit und vor allem zur Sommerzeit aus dem Landschaftsbild verschwinden. Nach der Schneeschmelze oder nach Regenperioden zeigen sich solche Gewässer wieder in vollem Glanz. Bergseen sind sehr sensible und empfindliche Ökosysteme. Eingriffe durch Menschenhand können sich sehr nachteilig auswirken.

Der Königssee

Eingebettet zwischen steilen Berghängen liegt im Landkreis Berchtesgadener Land am östlichen Fuß des Watzmanns der Königssee. Der langgestreckte, fjordartige See weist eine Länge von rund 7,2 Kilometern und eine maximale Tiefe von 190 Metern auf. Nach Rückzug des einst mächtigen Königsseegletschers blieb ein riesiges Becken zurück. Das dem Gewässer umliegende Gestein trotzte der gewaltigen Gletschererosion.

Der Großteil des Königssees liegt im Nationalpark Berchtesgaden. Der sogenannte Malerwinkel gewährt einen einzigartigen Ausblick auf die umliegende Landschaft. Im Hintergrund zeigt sich das markante Felshorn der Schönfeldspitze (2653 m) vom Steinernen Meer. Aufgrund seiner hervorragenden Wasserqualität ist der See reich an Forellen und Saiblingen.

Der Tappenkarsee

Der idyllisch gelegene Tappenkarsee im hintersten Kleinarltal im Salzburger Land gilt als höchster Gebirgssee der Ostalpen. Mit etwas mehr als einem Kilometer Länge erstreckt sich das in 1762 Metern Seehöhe liegende Gewässer zwischen schroffen Felsen und grünen Berghängen in einer eindrucksvollen Naturwelt. Vom tiefgrünen Jägersee erreicht der Wanderer nach längerem Anstieg den sagenumwobenen Tappenkarsee. Um die geheimnisvolle Welt des Wassers ranken sich allerorts viele Mythen und Sagen, so auch hier. An diesem hochgelegenen Gebirgssee soll einst ein Lindwurm gehaust haben, der der Sage nach immer wieder Mensch und Tier mit Haut und Haaren verschlang. Nach einer anderen Version wacht der Lindwurm noch immer am bis zu 50 Meter tiefen Seegrund, um dereinst den Seefelsen zu sprengen. Der Sage nach wird das tosend abstürzende Wasser das gesamte Tal überschwemmen und alles unter sich begraben. Der sagenhafte Lindwurm findet seine Abstammung im legendären Drachen, der immer wieder mit dem kostbaren Element Wasser in Verbindung gebracht wird. In der Märchen- und Sagenwelt bewachen die seltsamen Wesen Quellen, Seen und Flüsse, werden aber auch für Überschwemmungen oder Dürrekatastrophen verantwortlich gemacht.

Tappenkarsee.

Durch einen Murenabgang entstanden im Kleinarltal zwei türkisblaue Waldseen.

Die namenlosen Seen

Im Kleinarltal ist der auf 1 100 Metern Höhe liegende, kristallklare Jägersee nach wie vor ein beliebtes Ausflugsziel. Kurzzeitig wurde das Gebiet um eine Naturattraktion reicher. Im August 2017 ging zwischen dem Jägersee und dem hochgelegenen Tappenkarsee eine Mure ab. Gewaltige Fels- und Schottermassen verschütteten eine Straße und ein Bachbett. Das Bachwasser suchte sich einen neuen Weg und so entstanden zwei bizarre, türkisblaue Waldseen.

Das außergewöhnliche Naturereignis sorgte aufgrund der Vielzahl an Medienberichten für einen enormen Besucheransturm. Durch weitere Wetterkapriolen wurden die bizarren Waldseen durch Schottermassen wieder zugeschüttet.

Der Schiederweiher

Im Rahmen der ORF-Sendung „9 Plätze – 9 Schätze" wurde der Schiederweiher im oberösterreichischen Stodertal von zahlreichen Zusehern zum schönsten Platz in Österreich auserkoren. Mit der 2 446 Meter hohen „Spitzmauer" und dem 2 515 Meter hohen „Großen Priel" im Hintergrund bietet der Schiederweiher einen malerischen Anblick. Bei der Entstehung der „Perle vom Stodertal" war neben der Natur auch Menschenhand im Spiel. Die Anlegung des zwei Hektar großen Schiederweihers in den Jahren 1897 bis 1902 ist k. u. k. Hofbaumeister Johann Schieder zu verdanken. Mittlerweile hat sich der See zum Besuchermagnet ersten Ranges entwickelt. Neben vielen Kleintieren bewohnen den in allen Blautönen schimmernden See auch Edel- und Steinkrebse.

Die Rotgüldenseen

Im Osten der Hohen Tauern liegen in der Hafnergruppe zwei imposante Gebirgsseen. Der obere Rotgüldensee, in einer Höhenlage von 1 996 Metern ist von einer gigantischen Bergwelt umgeben und als Naturdenkmal geschützt.

Der Schiederweiher im oberösterreichischen Stodertal hat sich zum Besuchermagnet ersten Rangs entwickelt.

Gespeist wird der See von den Gewässern der nördlichen Kare des 3 076 Meter hohen „Großen Hafners". Der untere Rotgüldensee erstreckt sich mit etwa 1,5 Kilometern in einer Höhe von 1 733 Metern entlang steil abfallender Berghänge. Zur Energiegewinnung wurde der See in den 1950er-Jahren aufgestaut und über ein Stollensystem zusätzliches Wasser aus entfernten Gebirgsbächen zugeleitet. Eine weitere Erhöhung des Dammes in den 90er-Jahren brachte eine bessere Energieleistung.

Dabei legte man besonderen Wert auf die möglichst harmonische Einbindung des Bauwerkes in die Landschaft, sodass der Eindruck eines natürlichen Sees verbleibt.

Der Hallstätter See

Kaum eine Seelandschaft kann auf eine so lange und reichhaltige Geschichte zurückblicken wie das Gebiet um Hallstatt. Die schmalen Ufer des weitum

Während der Sommermonate stürmen unzählige Touristen aus aller Welt Hallstatt am gleichnamigen Hallstätter See.

bekannten Sees zählen zu den ältesten Siedlungsgebieten Österreichs. Vielerorts präsentieren sich Spuren der Vergangenheit, die bis zu 7 000 Jahre zurückreichen. Das Salz und der See haben das Leben der Uferorte Hallstatt, Bad Goisern und Obertraun bis in die Gegenwart geprägt.

Das UNESCO-Weltkulturerbe Hallstatt kennzeichnet eine einzigartige Schönheit. Während der Sommermonate stürmen unzählige Touristen aus aller Welt die imposante Gegend um den fünftgrößten Salzkammergutsee. Als Relikt der Eiszeit schillert das Gewässer zwischen der steil abfallenden Obertrauner

und Hallstätter Bergwelt. Während der See teilweise von vegetationsarmen Steilufern umgeben ist, finden sich an Flachufern, in Feuchtwiesen und Verlandungsmooren wertvolle ökologische Lebensräume für seltene Tier- und Pflanzenarten, die vom Aussterben bedroht sind.

Der Schödersee

Im hintersten Großarltal in der Nationalparkgemeinde Hüttschlag liegt in einer prachtvollen Urlandschaft der legendäre Schödersee – eine echte Besonderheit. Der Wasserspiegel dieses

Geheimnisvolles, Unerklärbares und Absonderliches beschäftigte uns Menschen zu allen Zeiten, speziell wenn es um das Lebenselixier Wasser geht. Von frühester Zeit an, entstanden deshalb unzählige Sagen, Märchen, Fabeln, Mythen und Legenden. Auch über den periodischen Schödersee erzählt man sich sagenhafte Dinge. So sollen am Seeboden gnomenhafte Berg- und Wassergeister hausen und den Wasserspiegel durch teuflische Zaubereien ständig verändern. Von Zeit zu Zeit sollen sie sogar über unterirdische Wasserläufe in den tiefliegenden, versumpften Talschluss gelangen, um hier weiter ihr Unwesen zu treiben.

Allgemein bringen die durch die Natur entstandenen, aber auch von Menschenhand angelegten Seen eine vielseitige Nutzwirkung. Naturbegeisterten Menschen dienen die meist von einer wunderbaren Landschaft umgebenen Gebirgsseen als Plätze der Erholung und Entspannung. Enorme Bedeutung hat die Kraft des Wassers bei der Energiegewinnung. In der Vergangenheit entstanden deshalb viele Wehranlagen und ausgedehnte Stauseen. Österreichweit haben Wasserkraftwerke den höchsten Anteil an der heimischen Kraftwerksleistung. Die Energiegewinnung durch die Wasserkraft führte jedoch auch zu gravierenden Veränderungen im ökologischen Bereich.

Besonders bei Kleinkraftwerken wurde der natürliche Gewässerablauf verändert oder unterbunden. Eine Austrocknung der Wasserabflüsse führt

„periodischen" Sees variiert stark, da sich der See nur nach starken Regenfällen und während der Schneeschmelze füllt. Von zwei Seiten stürzen dann die Gebirgswasser über mächtige Steilstufen und vereinigen sich im tiefen Talbecken. Nur zeitweise zeigt sich das Gewässer in voller Pracht und verschwindet immer wieder in der Tiefe des Schöderbeckens. Trotz extremer Klimaverhältnisse und widriger Umstände bieten die hochgelegenen Seen seltenen Fischarten, Insekten, Amphibien und Pflanzen bei intakten Verhältnissen einen wertvollen Lebensraum.

zu schwerwiegenden Auswirkungen in der örtlichen Tier- und Pflanzenwelt. Gerade in der letzten Zeit sind in den Skigebieten viele künstliche Speicherteiche entstanden. Sie sind für die Schnee-Erzeugung und der damit verbundenen Sicherung des Wintersports unentbehrlich geworden. Die herrliche Gebirgslandschaft im Pulverschnee und Sonnenschein hat für den Skisport eine ungeahnte Entwicklung gebracht. Die Skigebiete werden deshalb laufend vergrößert und die Liftanlagen modernisiert. Neben den in der Naturlandschaft schillernden Gebirgsseen finden sich auch immer wieder Kleingewässer, natürliche Tümpel, Nassstellen und Feuchtwiesen, die einer artenreichen Tier- und Pflanzenwelt als Lebensgrundlage dienen. Leider wurden in der Vergangenheit viele Gewässer und Feuchtgebiete trockengelegt und einer profitableren Nutzung zugeführt. Alle heimischen Amphibienarten (Alpenmolch, Grasfrosch, Erdkröte und Gelbbauchunke) brauchen stehende Gewässer als Laichgrundlage. Wird ein Teich zugeschüttet, verlieren zahlreiche Tiere und Pflanzen im weiten Umkreis ihren angestammten Lebensraum.

Schwäne bieten durch ihr strahlend weißes Gefieder und den langen geschwungenen Hals in Seen, Teichen und weiteren ruhigen und meist seichten Gewässern einen majestätischen Anblick. In vielen Sagen und Mythen steht das anmutige Tier im Mittelpunkt des Geschehens. Unter den verschiedensten Arten ist in den gemäßigten Zonen der Höckerschwan verbreitet. Er ist in Mitteleuropa der

größte heimische Wasservogel. Schwäne sind ihren Partnern treu und binden sich ein Leben lang. Sie sind meist entweder allein oder zu zweit unterwegs und verteidigen erbittert ihr Revier. Zur Warnung und Abwehr dienen seltsame Fauchlaute. Heftige Revierkämpfe sind keine Seltenheit. Das beachtliche Nest bauen beide Eltern im seichten Wasser oder auf kleinen Inseln. In das mit Wasserpflanzen, Gräsern und Zweigen kunstvoll errichtete Nest, ausgepolstert mit weichen Federn, legt das Weibchen meist 4–6 Eier und brütet etwa vierzig

Nur während der Schneeschmelze oder nach starken Regenfällen zeigt sich der Schödersee in voller Pracht.

Tage lang. Die jungen Schwäne begleiten die Eltern bis zur nächsten Fortpflanzungsperiode. Zum Schutz trägt das Weibchen ihre Küken gelegentlich auch zwischen den Schwingen auf dem Rücken. Wasserpflanzen sind die Hauptnahrung der Schwäne, seltener werden auch Kleintiere aufgenommen. Nach vorne gekippt und nur mit dem Kopf und dem langen Hals unter Wasser durchwühlen sie mit ihren Schnäbeln den Boden seichter Gewässer, wobei Wasserinsekten freigelegt werden, was wiederum Fische und Enten freut. Diese Art der Nahrungsaufnahme wird „gründeln" genannt. Neben vielen Fischarten und Wassertieren leben in den Seenlandschaften, Teichen und ruhigen Gewässern als augenscheinlichste Tierart die Wasservögel. Neben Stelzvögeln wie Ibissen, Störchen und Reihern leben hier auch verschiedenartige Watvögel und als artenreichste Gruppe die Schwimmvögel. Dazu zählen neben Kormoranen, Lappentauchern und Seetauchern, Möwen, Seeschwalben und Rallen auch Schwäne, Gänse und Enten. Nur offene Gewässer oder Feuchträume

Durch ihr strahlend weißes Gefieder und den langen geschwungenen Hals bieten Schwäne einen majestätischen Anblick.

Werden Schwimmvögel aufgescheucht, heben sie sich beim Auffliegen ohne Anlauf von der Wasseroberfläche ab.

Je nach Art bevorzugen Wasservögel als geeigneten Lebensraum neben Seen mit reicher Wasser- und Ufervegetation in weiten, offenen Landschaften deckungsreiche Gewässer, Teiche und Tümpel, Schilfgürtel sowie weitere stillfließende Wasserwege. Neben der Krickente, Knäkente, Pfeifente, Schnatterente, Löffelente und Spießente stellt sich am häufigsten in unseren Gewässern die Stockente ein. Sie ist von der Ebene bis ins Mittelgebirge überall auch als Brutvogel vertreten. Als größte Schwimmente erscheint das Männchen im Prachtkleid durch den tiefgrünen Kopf, den weißen Halsring und die kastanienbraune Brust. Die vier mittleren Stoßfedern sind hakig gekrümmt und werden in der Sprache der Jäger als „Schneckerl" bezeichnet. Der Flügelspiegel ist ein blaues, metallisch glänzendes Feld, vorne und hinten schwarz und weiß gesäumt. Im Herbst zeigen Stockenten vielerorts den sogenannten „Entenstrich", dabei verlassen sie die tagsüber aufgesuchten Gewässer und ziehen immer auf der gleichen Flugbahn zur Nahrungssuche auf die Äcker. Am Morgen kehren sie wieder in ihre angestammten Ruhegewässer zurück. Die Paarbildung erfolgt im Herbst, die Partner bleiben dann meist über den Winter zusammen.

dienen diesen Wasservögeln als geeigneter Lebensraum. Ein typisches Kennzeichen bei Schwimmvögeln sind die durch Schwimmhäute miteinander verbundenen Zehen, eine angeborene Körperausbildung zum Leben im Wasser. Tauchenten besitzen in der Hinterzehe zusätzlich einen Hautlappen.

Die heimischen Enten – Schwimmenten, Tauchenten und Säger – unterscheiden sich untereinander deutlich in ihrer Lebensweise und auch im Aussehen. Bei allen Enten und Sägern sind die Weibchen meist unauffällig braun gefärbt, der Erpel (Männchen) trägt, mit Ausnahme einer kurzen Sommerzeit, ein unterschiedlich buntes Federkleid.

Am häufigsten findet sich in unseren Gewässern die Stockente.

Wasserverhältnisse im Boden

Wasser in unterschiedlichsten Erscheinungsformen gibt es sowohl auf der Erdoberfläche als auch im Inneren des Erdbodens. Wasserhaltige Böden liefern den Pflanzen die lebensnotwendigen Nährstoffe in gelöster Form und ermöglichen ein gedeihliches Wachstum. Über ein verschiedenartig ausgebildetes Wurzelsystem entziehen die Gewächse dem Boden Wasser und geben es durch Transpiration über die Blätter an die Atmosphäre ab. Pflanzen können an einem Tag das Mehrfache ihres gesamten Wassergehalts umsetzen.

Sonnenblumen zum Beispiel sind krautige Pflanzen mit Wuchshöhen bis zu zwei Metern. Die typische Pflanze warmer Standorte verliert sogar an einem kalten Tag durch die Transpiration nicht weniger als einen Liter Wasser. Der notwendige Wasserbedarf wird vornehmlich aus den Wasservorräten des Bodens entnommen. Bei Wassermangel redu-

Grau- und Schwarzerlen sind Pionierholzarten und wachsen vorwiegend an Gewässerrändern oder auf Feuchtböden.

zieren Gewächse ihre Stoffproduktion. Das Wachstum ist somit vom Wasserhaushalt des Bodens abhängig. Bodenwasser wird in verschiedene Kategorien unterteilt.

Von besonderer Bedeutung im Bodeninneren ist das Haft- sowie das Sickerwasser. Das Niederschlagswasser versickert oder läuft als Oberflächenwasser ab. Sickerwasser wird je nach Bodenstruktur zum Teil festgehalten oder läuft in das Grundwasser ab. Stauwasser bildet sich, wenn der Abfluss durch undurchlässige Schichten in geringer Tiefe verhindert wird. Der Wassergehalt des Bodens ändert sich ständig und ist auch von den Niederschlägen sowie vom Hang- und Grundwasserentzug abhängig.

Pflanzen decken ihren Wasserbedarf aus dem Haftwasser oder dem kapillar aufsteigenden Grund- und Stauwasser. Durch die Wasserhaltefähigkeit der Bodenporen wird das Kapillarwasser im Boden gespeichert und kann von der Pflanze gut aufgenommen werden, da es mit wenig Kraft im Boden

Mit besonderer Zähigkeit dringen Baumwurzeln in die Tiefe des Bodens.

zurückgehalten wird. Wie viel eine Pflanze vom Bodenwasser aufnehmen kann, hängt im Wesentlichen von der Bodensaugkraft und vom Nachleitevermögen des Bodens ab.

Zieht das Wasser im Boden nicht ausreichend nach, dringen Wurzeln mit besonderer Zähigkeit immer weiter in den Boden ein. Die Bodensaugkraft und das Nachleitevermögen ist in den Böden unterschiedlich stark. Auch wenn der Wassergehalt von Böden keine Unterschiede zeigt, ist die Saugkraft vor allem von der Bodenstruktur abhängig und regelt die Wasserversorgung. Neben den Wasserverhältnissen spielen auch die Luftverhältnisse in der Bodenstruktur eine

wesentliche Rolle. Im wassergesättigten Boden sind auch größere Hohlräume anstelle von Luft mit Wasser gefüllt. Die Wurzelsysteme der Pflanzen benötigen für ihre Atmung den Sauerstoff in den Bodenschichten. Bei ungenügender Bodendurchlüftung werden das Wachstum sowie die übrigen Lebensfunktionen der Pflanzen eingeschränkt. Die Wasserkapazität eines Bodens ist abhängig von der Korngröße des Bodenmaterials, seiner chemischen Beschaffenheit und seiner Struktur. Feinkörnige Böden haben enge Poren, in denen sich mehr kapillare Wasserfäden ausbilden können und für mehr Kapillarwasser sorgen. In Bodenstrukturen mit feinen und gröberen Krümeln vereinigen sich die Vorteile eines stark feinkörnigen oder grobkörnigen Bodens. Die größeren Poren zwischen den Krümeln können keine kapillaren Wasserfäden halten, folglich sickert das überschüssige Wasser ab und ermöglicht einen Luftaustausch. Innerhalb der einzelnen Krümel befinden sich auch einige Poren, die das erforderliche Wasser einbinden. Eine gute Wasserspeicherfähigkeit und Durchlüftung ist gegeben und für das Pflanzenwachstum vorteilhaft.

Grundwasser ist als Trink- und Nutzwasser für Millionen Menschen rund um den Erdball lebensnotwendig. Es ist von besonderer wirtschaftlicher Bedeutung und ein wertvolles Gut, das es zu schützen gilt. Alles unterirdische Wasser in der Sättigungszone, das in unmittelbarer Berührung mit dem Boden oder dem Untergrund steht, wird als Grundwasser bezeichnet. Der Bereich von der Grundwasseroberfläche und der Erdoberfläche, der nicht gänzlich mit Wasser ausgefüllt ist, wird als ungesättigte Zone bezeichnet. Durch Versickerung von Niederschlägen und Zuflusswasser aus Seen, Flüssen oder sonstigen Wasseransammlungen entsteht Grundwasser.

Lange Hitze- und Trockenperioden, so etwa im Sommer und Herbst des Jahres 2018, können zur Absenkung des Grundwasserspiegels führen und gebietsweise Trinkwasserknappheit verursachen. Die Vermeidung von Grundwasserverunreinigung ist ein Gebot der Stunde. Die Verwendung von Stickstoffdünger und diversen Pflanzenschutzmitteln sowie

Ablagerungen schädlicher Stoffe, Bauschutt und sonstiger Verunreinigungen an der Erdoberfläche führen zur Belastung unseres Grundwassers. In Österreich wird die Qualität der Grundwässer durch einheitlich gesetzlich vorgegebene Kriterien überwacht und es werden, falls erforderlich, Schutzgebiete ausgewiesen.

Als rätselhaft und geheimnisvoll gelten unterirdische Wasserläufe und führen immer wieder zu Spekulationen. Während Gebirgsbäche, Flüsse, Wasserfälle sowie Seen in der Natur frei sichtbar sind und in der Landschaft reizvolle Bilder hervorrufen, bleiben unterirdische Wasserabläufe und Wasseradern im Verborgenen. Wasseradern gelten

Immer wieder finden sich in der Natur Bäume mit einem ausgeprägten Krüppelwuchs.

Fichten mit Stelzwurzeln bieten einen seltsamen Anblick.

Wissenschaftler und Ärzte schon seit Jahrtausenden.

Obwohl derzeit der wissenschaftliche Nachweis über die nachteilige Wirkung der Wasseradern auf den menschlichen Organismus fehlt, sind solche Reaktionen feststellbar. Rutengänger spüren Störzonen von Wasseradern auf und verweisen bei Hausuntersuchungen (Mutungen) auf mögliche Risiken durch eine solche Dauerbelastung hin. Wirksame Vorsorge kann nur durch ein Ausweichen solcher „Störbereiche" erfolgen. Zahlreiche Publikationen behandeln das Thema von Störzonen durch Wasseradern und wurden zu Bestsellern. Von der universitären Wissenschaft werden die aufgezeigten Risiken wegen nicht vorhandener direkter Nachprüfbarkeit (Messbarkeit) infrage gestellt.

Wasseradern finden sich meist in Gebirgsgegenden mit reichlich Niederschlag. Gerade hier entdecken Naturbeobachter immer wieder sonderbare Wuchsformen bei Bäumen und Pflanzen, die meist auf Wasserverhältnisse im Boden zurückzuführen sind. In der Pflanzen- und Tierwelt gibt es Strahlenflüchter und Strahlensucher. Strahlenflüchter weichen unterirdischen Gewässern aus, Tiere meiden nach Möglichkeit solchen Stellen. Als Strahlenflüchter gelten Hund, Pferd, Kuh und Schwein, sie weichen beeinflussenden Örtlichkeiten aus. Im Garten zählen dazu Apfel- und Birnbaum, Nussbaum, Flieder, Ribiselstaude und Sonnenblumen. Die Reime „Buchen sollst du suchen" oder „Linden

bei Radiästheten unter anderem als Ursache für Änderungen des geomagnetischen Gleichfeldes und als „Signal", welches fühlige Menschen als „Wasser- oder Erdstrahlen" muten können. Diese „Informationen" können bei allen Lebewesen, Pflanzen, Tieren oder Menschen Einfluss auf die Funktion der Zellabläufe haben – im positiven wie im negativen Sinne. Reizzonen von Wasseradern und Erdstrahlen zählen zu den sogenannten geopathischen Störzonen. Mit radiästhetischen Phänomenen und der Parawissenschaft der Geopathologie beschäftigen sich Rutengänger (Pendler), sollst du finden" sind im Volksmund weit verbreitet – sie verweisen auf strahlensichere Plätze. Fichte, Tanne und Lärche hingegen zählen zu den Strahlensuchern.

Im Zusammenhang mit den Wasserverhältnissen im Boden gibt es in der Natur immer wieder sonderbare Phänomene: Rutengänger zählen auch Ameisen zu den sogenannten Strahlensuchern. Allein im Alpenraum gibt es eine Vielzahl an Ameisenarten. So leben etwa die Rote Waldameise, die Riesenameise, die Glänzende Holzameise, die Schwarze Wegameise, die Gelbe Wiesenameise oder die Rote Knotenameise häufig an Waldrändern und auf Lichtungen gesellig in Erd-, Holz- oder Kartonnestern oder in Haufen in beziehungsweise über der Erde. Vorkommen von Ameisenhaufen verweisen laut Radiästethen auf Kreuzungen von Wasseradern und besondere Reizzonen. Für die emsigen Waldbewohner ist Wasser demnach die Quelle des Lebens. Auch ihr weitverzweigtes Straßennetz legen sie bevorzugt im Bereich von vorhandenen Kreuzungen von Wasseradern an. Wildwechsel befinden sich ebenso häufig wie Ameisenstraßen über Reizstreifen von Wasseradern. Ameisen leben in einem ausgeprägten Sozialstaat. Die Waldameise vertilgt große Mengen Waldschädlinge und ist ein ausgesprochener Nützling des Waldes. Einige Arten können durch Anfressen von Stämmen und Benagen von diversen Pflanzen auch schädlich werden. Die meisten im Wald lebenden Ameisen sind jedoch als Bodenverbesserer und Vernichter von Schadinsekten nützlich. In einem Umkreis von 20–50 Metern vernichtet jedes Ameisenvolk täglich Tausende Schädlinge sowie deren Larven und Raupen. Ameisen sind begabt und fleißig und haben einen besonderen Reinlichkeits- und Gemeinschaftssinn. Sie jagen in kleinen Gruppen, größere Opfer werden gemeinsam in den Bau geschleppt. Den Winter verbringen die Tierchen in einer Art Schlafzustand.

Schon zu Urzeiten standen Bäume mit den Menschen in sehr enger Verbindung und hatten schon immer etwas Besonderes und Geheimnisvolles an sich. Immer wieder lassen sich in der Natur besonders ausgeprägte Wuchsformen entdecken. Ungewöhnliche

Vorkommen von Ameisenhaufen verweisen auf Kreuzungen von Wasseradern.

Baumgestalten finden sich vor allem an naturbelassenen, exponierten Standorten mit reichlicher Wasserführung. In forstlich unbewirtschafteten Regionen entscheiden noch die Natur und die örtlichen Einflüsse über Wuchsform, Entstehen und Vergehen der Bäume. Heute gibt es solche „Urwälder" in unseren Breiten nur noch als kleine „Überbleibsel", die zum Teil als Naturschutzgebiete gegen menschliche Eingriffe geschützt sind.

Selten sieht man in unseren Wäldern als eigenartige Wuchsform die sogenannte „Stelzfichte". Derartige Bäume stehen wie auf Stelzen mit den Wurzeln am Boden. Fichten zählen zu den Strahlensuchern und sind ausgesprochene Flachwurzler. Besonders überalterte Bäume werden vom Sturm leicht entwurzelt und abgeknickt. Am Boden liegende Stämme modern allmählich und werden in Naturwäldern bald von einer dichten Moosschicht überzogen. Das feuchte Wurzelwerk und die liegenden Stämme sind für die anfliegenden Fichtensamen ein willkommenes Keimbett. Vorerst finden die Keimlinge genug Feuchtigkeit und Nährstoffe zum Gedeihen, mit fortlaufendem Wachstum benötigen dann die Bäumchen immer mehr Wasser und Nährstoffe. Da Fichten Flachwurzler sind, bilden einige Jungbäume tiefe Wurzeln aus, um auf festen Boden zu gelangen. Durch den laufenden Feuchtigkeitseinfluss und holzzerstörende Pilze verrottet der Stamm, auf dem die Keimlinge standen. Das nachwachsende Wurzelwerk des Baumes steht somit frei und stelzenartig in der Luft. Derartige Stelzbäume sind nur bei den strahlensuchenden Fichten zu beobachten, Buchen oder Tannen gedeihen ebenfalls in Mischwäldern, bilden aber durch ihre Wurzelsysteme keine Stelzwurzeln. Bei einzelnen Fichten erreicht das Wurzelgerüst beachtliche Höhen und bietet den Anblick einer seltsamen Baumgestalt.

Ein außergewöhnlich urwüchsiger Baum stand über mehrere Jahrhunderte im Schneebergebiet in St. Veit. Ein derart ausgeprägter Krüppelwuchs einer Fichte ist in der Natur nur selten anzutreffen. Aufmerksam gemacht auf die sonderbare Wuchsform des Baumes, testete ein bekannter Rutengänger aus Tirol den Standort, um dem rätselhaften Wachstum der Fichte auf den Grund zu gehen. Auch der Rutengänger hatte nie zuvor eine derart auffallende Wuchsform gesehen. Nach eingehender Messung und Überprüfung mit Wünschelrute und anderen Testgeräten war der Rutengänger überzeugt, dass die Fichte auf einem Kreuzungspunkt intensiver Wasseradern stand. Mittlerweile ist die jahrhundertealte Krüppelfichte mit unzähligen Ästen, Seitenstämmen und einem knorrigen Wurzelwerk nach einer langen Lebensdauer zusammengebrochen. Auf den halbvermodernden Überresten gedeihen wieder unzählige frische Keimlinge und das geheimnisvolle Wachstum neuer Bäume beginnt im ständigen Wechselspiel der Natur.

Fichte mit extremem Krüppelwuchs im Schneeberggebiet in St. Veit/Pongau.

Die Kraft des Wassers

Die Kraft des Wassers fasziniert uns Menschen schon immer und birgt viele Geheimnisse und Unerklärbares. Sprudelnde Wasserquellen waren nicht selten heidnische Kult- und Ritualplätze, scheinen Energie und Kraft zu vermitteln und erquicken Körper, Geist und Seele. Neben Quellen wurden auch Bergseen, Bachläufe, Tümpel und Flüsse in der Vergangenheit mit zauberhaften Gestalten, Quellgeistern, Nymphen sowie Naturgottheiten in Verbindung gebracht. Ohne Wasser kein Leben, so hat es als unverzichtbares Lebenselement in allen Religionen der Welt eine zentrale Bedeutung. Viele Rituale mit Wasser sind auch heute noch unverzichtbare Begleiter des Menschen und reichen von der christlichen Taufe bis zum hinduistischen Totenritual. Als getaufte Christen glauben viele an die Kraft des geweihten Wassers. Es soll reinigend und kräftigend wirken.

Der Palfnersee befindet sich im Gebiet östlich des Graukogels in der Pongauer Gemeinde Bad Gastein. Der kleine Gebirgssee liegt in der Kernzone des Nationalparks Hohe Tauern.

Im Einklang mit der Natur wirkt Wasser auf uns Menschen in unterschiedlichster Weise. Das Rauschen eines Gebirgsbächleins, sprudelnde Quellen, das Glitzern der Sonnenstrahlen auf dem Wasser oder der Anblick eines schillernden Bergsees bringt Ruhe und Kraft in unsere Seele. Wasserkraft wirkt im Kleinen wie im Großen. Aus der Tiefe der Erde entspringen Heilquellen in besonderer Zusammensetzung aus Mineralien und Spurenelementen. Sie lindern das Leid vieler Heilungssuchender. Die wunderbaren Nutzungsmöglichkeiten in Kneippanlagen, Dampfbädern, Mineralbädern sowie bei Wassermassagen steigern das Wohlbefinden.

Mithilfe der modernen Geomantie konnten mittlerweile die außergewöhnlichen Energieschwingungen bei zahlreichen Kraftplätzen nachgewiesen werden. Kraftplätze können jetzt, wie etwa in Filzmoos im Salzburger Land, bei geführten Wanderungen erkundet werden. Wasser als Transportmittel und Energieträger ist in viele wirtschaftliche Prozesse eingebunden.

Butterrühren mittels Wasserkraft auf der Alm.

Die „Sieben Mühlen" in Pfarrwerfen sind ein Kulturdenkmal und eine touristische Attraktion.

Schon in frühester Zeit nutzten Menschen die fließende und fallende Kraft des Wassers. Die Geschichte der Wasserkraft reicht weit zurück und umspannt einen breiten Bogen. Ägypter, Römer und Griechen setzten Wasser als Antriebsmittel für Gerätschaften in vielfältiger Art und Weise ein. Unterschlächtige Wasserräder waren schon im 9. Jahrhundert v. Chr. im Gebrauch. Bei dieser Art der Radmühlen holten sich die Taufeln (Schaufeln eines Rades) das Wasser und somit die Antriebskraft von unten. Diese war nur möglich bei starkem Wasserfluss.

Je nach Wassermenge und Fließgeschwindigkeit (Fallhöhe) gab es oberoder unterschlächtige Radmühlen. Bei den oberschlächtigen Mühlen ergoss sich das Wasser von oben in die Schächte der vorderen Radhälfte und brachte diese so in Schwung. Das erforderliche Wasser wurde mittels Wasserrinnen aus dem nächstliegenden Bach zugeführt. Das Gerinne aus Holz, auch Fluder genannt, war ursprünglich großteils aus Rundhölzern gehackt und auf Stützen gebaut. Es musste im Flachgelände von weit zugeleitet werden, um die notwendige Fallhöhe zu erreichen.

In den Gebirgsgegenden dominieren oberschlächtige Mühlen, da die Mühlgräben oder Bäche in den meisten Fällen genügend Gefälle aufweisen, und so das Wasser leicht von oben her über das Gerinne auf das Mühlrad geleitet werden kann.

In manchen Gegenden gab es auch Flodermühlen, die besonders großen Wasserdruck erforderten. Hier übertrug sich die Wasserkraft direkt auf die Antriebswelle der Mahlsteine und erübrigte dadurch das Kamprad (Kamm- bzw. Zahnrad zur Kraftübersetzung). Bei der Flodermühle war das Rad nicht vertikal an der Seitenwand montiert, sondern direkt horizontal unterhalb des Mühlenraumes. Manche Mühlen bezeichnete man im Volksmund spöttisch als „Wolkenbruchmühlen", weil das Mühlwerk nur nach starken Regenfällen, wenn es genug Wasser gab, in Betrieb genommen werden konnte.

Zur Zeit der landwirtschaftlichen Erschließung der Alpentäler vom 11. bis zum 13. Jahrhundert gab es landauf landab unzählige Wassermühlen. Das Klappern der Mühlräder war in den vielen wasserführenden Seitengräben weithin hörbar. Vor nicht allzu langer Zeit hatten Bauern noch eine hofeigene Mühle zum Mahlen ihres Getreides. Zur Herstellung des unentbehrlichen täglichen Brotes war der Anbau von Getreide lebensnotwendig. Gemahlen wurden Roggen, Weizen, Hafer und Gerste. Der Mahlvorgang wurde zwei- bis dreimal wiederholt, eben so oft, bis das Mehl die gewünschte Körnung hatte.

Nachdem die wasserführende Rinne auf das Mühlrad gestellt wurde, setzte ein gut ausgeklügelter Mechanismus ein. Über Kamprad, Spindel, Mühle und Mühlstange drehte sich der über dem Legestein liegende Läuferstein. Ob eine Mühle gut funktionierte, hing nicht zuletzt von den Mühlsteinen ab. Damit die Steine gut mahlten, wurden von Zeit zu Zeit die Reibflächen bearbeitet. Mit Mühlsteinen hatte man einst regen Handel betrieben und großen Wert auf besondere Qualität gelegt. Die rasch fortschreitende Technisierung und grundlegende Änderungen in den Bewirtschaftungsformen am Bauernhof ließen Getreidefelder und Wassermühlen in den Alpentälern immer mehr verschwinden. Die mühevolle Arbeit des Säens und Erntens, über das Dreschen bis hin zum Mahlen des Getreides blieb in all seinen Formen noch in Liedern und Gedichten bis in die Gegenwart erhalten.

Die meisten Talböden blieben in mittelalterlicher Zeit unwirtlich, versumpft und mit dichten Strauch- und Erlenbeständen bewachsen. Grau- und Schwarz-Erlen sind Pionierpflanzen und wachsen vorwiegend an Gewässerrändern oder in Feuchtwiesen. Durch die stickstoffbildenden Wurzelknöllchen der Erle gedeiht der Strauch auch an nährstoffarmen, feuchten Standorten. Oberhalb der vernässten Böden und steileren Talhänge blühte schon sehr früh die Almwirtschaft. Wie Bodenfunde beweisen, reichte die alpine Almwirtschaft bis ins 4. vorchristliche Jahrtausend zurück und stellte im gesamten Alpenraum einen bedeutenden Wirtschaftszweig dar.

Die Entwicklung der Almweide hängt eng mit der Klimageschichte zusammen, so wie sie in der nacheiszeitlichen Wärmeperiode einsetzte. Eine Verschlechterung des Klimas im 16. und 17. Jahrhundert brachte drastische Rückschläge in der Bewirtschaftung der Almen. In dieser sogenannten „Kleinen Eiszeit" erreichten die vordringenden Gletscherzungen beste Almgebiete und viele Hochalmen konnten nicht mehr bewirtschaftet werden. Zahlreiche Sagen und Legenden erinnern an diese dunkle Zeitepoche. Doch das Blatt wendete sich wieder. Die Gletscher zogen sich zurück und nahrhafte Gräser und Kräuter konnten wieder wie früher gedeihen. Zu den besten Almgebieten zählten schon immer die Almen der Tauerntäler. Gebirgswasser und sprudelnde Quellen waren die beste Voraussetzung für das Wachstum der Almweide und für die Bewirtschaftung der Almen. Das vorhandene Almwasser war für verschiedenste Arbeitsvorgänge hilfreich und notwendig. Obwohl das Almleben in unzähligen Liedern und Versen in romantischer Art und Weise geschildert wird, war der Alltag selbst mitunter hart und beschwerlich. Die Menschen in den Bergen waren seit jeher der Gewalt des Wetters ausgesetzt. Nicht selten wurden und werden Almböden schon im August und September mit einer Schneedecke eingehüllt. Das änderte nichts am täglichen Arbeitsablauf, der immer eingehalten wurde. Schon zeitig am Morgen wird unter dem Wasserkessel ein starkes Feuer entfacht. Das heiße Wasser wird zur Reinigung der Milchgefäße

nach dem Melken benötigt. Das Säubern des Milchgeschirrs mit siedend heißem Wasser ist wichtig, damit die Milch in den Fugen nicht andörrt und bitter wird. Zum Butterrühren, früher Schmalzrühren, dient seit langer Zeit der Rührkübel. Auf dem Kübelschragen hängt der handbetriebene Kübel zur Buttererzeugung. Während einst der abgesetzte Rahm mit dem Rahmspan oder der Rahmschaufel mühevoll aus den Milchstötzeln abgeschöpft wurde, erfolgt die Trennung von Rahm und Magermilch seit längerer Zeit mit der Milchmaschine. Das Einfüllen des Rahms erfolgt durch eine rechteckige Lücke an der Flachseite des Kübels, der wasserdicht verschlossen werden kann. Das errührte Schmalz oder die Butter wird aus der Öffnung entnommen. Das Ablassen des Dampfes und der Rührmilch erfolgt durch Herausnahme des Dampfzapfens aus dem Dampfloch.

Die Butter aus dem Rührkübel wird gewaschen, dann händisch geknetet und geschlagen. Durch Schütteln und Schutzen in einer flachen Holzschüssel formt sich ein rundlicher Butterknollen. Der Rahm von 24 Litern Frischmilch ergibt 1 Kilo Butter. Zur Erleichterung der zeitaufwendigen Buttererzeugung bedienten sich findige Almleute der Kraft des Bergwassers. Meist befand sich in Hüttennähe ein schäumendes Almbächlein. Das notwendige Wasser wurde über Rinnen auf Kleinwasserräder abgeleitet und setzte den daran befestigten Rührkübel in Bewegung. Die Wasserkraft brachte so beim „Buttern" eine deutliche Erleichterung.

Bei der alten Schmiede in Embach (Pinzgau) dienten einst drei Wasserräder zum Antrieb von Federhammer, Schleifstein und dem Schmiedegebläse.

Neben der Landwirtschaft wurde die Kraft des Wassers auch in Handwerk und Gewerbe vielseitig genutzt. Bei Hammerwerken (z. B. in Schmieden), wassertreibenden Gattersägen, Töpfereien und Drechslereien sorgte die Wasserkraft über speziell angefertigte Anlagen für eine Steigerung der Wirtschaftlichkeit. Das Prinzip der Kraftübertragung hat sich über Jahrtausende bis hin zur heutigen Industrialisierung weiterentwickelt. So wie das Wasser kleine Löffelräder im Bach und Schaufelräder der Mühlen antreibt, bringt es auch gigantische Turbinen in großen Kraftwerken in Betrieb.

In Österreich dominieren Wasserkraftwerke. In hocheffizienten Kraftwerken entsteht Strom durch die Kraft des Gebirgswassers. Bei neuen Großanlagen wird auf begleitende ökologische Maßnahmen großen Wert gelegt. Die Wasserkraft dient als saubere und emissionsfreie Form der Elektrizitätserzeugung. In einem Kraftwerk wird die kinetische Energie des Wassers in mechanische und danach in elektrische Energie umgewandelt. Es gibt verschiedene Bauformen: Bei Laufwasserkraftwerken besteht eine Wehranlage und neben dem Einlaufbereich das Krafthaus mit den Turbinen. Durch die Wehranlage wird

Der Speicher Mooserboden versorgt
70 000 Haushalte mit Strom.

das Wasser aufgestaut, über die Turbinen läuft das Wasser in das natürliche Gewässer zurück. Bei Speicherkraftwerken werden die Niederschlagsmengen über längere Zeit in Speicherseen gesammelt, zeitweise kann so mehr Wasser durch die Turbinen geleitet werden, als längerfristig nachfließt. Auf diese Weise kann auch kurzfristig eine hohe elektrische Leistung erzeugt werden. Pumpspeicherkraftwerke sind derzeit die einzige Form der großtechnischen Speicherung von elektrischer Energie. Dabei kann das obere Wasserreservoir mit elektrisch betriebenen Pumpen wieder aufgefüllt werden. Der Speicher

Mooserboden in Kaprun fasst üblicherweise 85 Millionen Kubikmeter Wasser. Damit können 70 000 Haushalte mit Strom versorgt werden.

Das Kraftwerk am Wasserfall

Das nunmehr stillgelegte Wasserkraftwerk in Bad Gastein liegt an der Gasteiner Ache, direkt an der untersten Stufe des berühmten Wasserfalls. Auch die bekannte Elisabethquelle befindet sich in unmittelbarer Nähe. Bad Gastein war einst der erste elektrisch beleuchtete Kurort in Europa. Die Wasserkraft wurde hier vielseitig genutzt. Da das erste Kraftwerk mit einer Thermalwasserhebemaschine aus dem Jahr 1886 nicht mehr ausreichte, errichtete die Gemeinde 1895 das Kraftwerk „Sonnenwende" am oberen Wasserfall. Bald danach, im Jahr 1914, entstand die Wasserkraftanlage am unteren Wasserfall. Das erforderliche Wasser für den Betrieb der Turbinen wurde oberhalb des Wasserfalls gefasst.

Die Salzburger Aktiengesellschaft für Energiewirtschaft, als Vorgänger der heutigen Salzburg AG, erwarb das Kraftwerk 1975 von der Gemeinde. Nach Stilllegung des Betriebes 1996 kaufte die Gemeinde Bad Gastein das Kraftwerk wieder zurück. Seit 2004 steht das historische Bauwerk unter Denkmalschutz und wird als gastgewerbliches Lokal genutzt. Die Anlage ist in ihrem ursprünglichen Zustand erhalten und gibt einen interessanten Einblick in die Pionierzeit der Energiegewinnung. Im

Kraftwerk befindet sich auch ein Sammelbehälter der umliegenden Quellen. Umgeben von zwei mächtigen Francis-Turbinen wurde im Kraftwerk 2016 ein Café mit spektakulärem Blick auf den tosenden Wasserfall eröffnet. Der Boden der Caféterrasse wird mit dem Überlauf des Thermalwassers beheizt. Führungen durch die historische Kraftwerksanlage werden auch in Verbindung mit der Besichtigung der Elisabethquelle angeboten.

Die Flößerei und Trift

Das Floß zählt zu den ältesten Wasserfahrzeugen und wurde vielerorts schon in frühester Zeit eingesetzt. Mit dem Aufblühen von Bergbau und Städtewesen wuchs der Bedarf an Holz, die Flößerei gewann immer mehr an Bedeutung. Anhand der natürlichen Wasserwege gelangte das Holz mit Hilfe der Wasserkraft von den abgelegensten Waldgebieten zu den verschiedensten Absatzmärkten. Ab dem 13. Jahrhundert nutzte man die Flüsse verstärkt und es entwickelten sich wichtige „Floßstraßen" von einer Stadt zur anderen. Neben Nutz- und Brennholzmengen beförderte man auf speziellen Großflößen auch Baustoffe, Lebensmittel, Tiere und Personen.

Bis zum 19. Jahrhundert hatte die Flößerei in der Forstwirtschaft und im Holzhandel einen besonderen Stellenwert. Holzhändler erzielten zu dieser Zeit enorme Gewinne. Über Jahrhunderte war neben der Flößerei die Trift

Das alte Wasserkraftwerk in Bad Gastein steht unter Denkmalschutz und wird nun als Café genutzt.

eine gängige Methode, um Holz zu transportieren. Dabei warfen die Holzknechte die Stämme, Stammabschnitte oder Scheitholz ins lose Wasser. Mittels Fließkraft der Flüsse gelangten die Hölzer zu den Bestimmungsorten, an denen sie mittels einer Auffangvorrichtung wieder gesammelt wurden. Kleinere Gewässer wurden aufgestaut und das Holz mit dem Wasserschwall weiterbefördert. Bei dieser sogenannten „gebundenen Flößerei" hatte man Langstämme eng miteinander zu einem Wasserfahrzeug verbunden. Demnach wurden Flöße nicht gebaut, sondern „gebunden". Die Holzstämme hielten

Vor der engen Felsenschlucht am Pass Lueg lösten einst die Holzknechte die Flöße wieder auf.

Salinen- und Montanforste lieferten den Berg- und Hüttenwerken notwendiges Holz und Holzkohle. Besonders die in der Nähe von Eisenhütten und Hammerwerken gelegenen Wälder wurden intensiv genutzt und unterlagen einer ausgedehnten Kahlschlagbewirtschaftung. Um 1873 standen bei den Halleiner Holzrechen (Vorrichtung zum Auffangen des herangetrifteten Holzes) durchschnittlich zwei Rechenmeister, ein Rechenmeistergehilfe, 30 ständige und 30 zeitweise beschäftigte Arbeiter im Einsatz. Über lange Zeit war die Trift die häufigste Art der Holzbringung. Sie wurde durch den natürlichen Umstand, dass zahlreiche Bäche und Achen der Salzach zufließen, begünstigt. Das auf allen Seitenbächen zugetriftete Holz gelangte großteils in die Salzach und dann in den Halleiner Rechen.

Saalach, Tauglbach, Großarler Ache, Kleinarler Ache, Blühnbach, Taurach im Lungau und Taurach in Radstadt, Rauriser Ache, Mühlbach, Enns, Mur und Salzach waren für die Holztrift von Bedeutung. Technisch erforderlich waren dazu Wasserklausen, Wasserstuben und Holzfangrechen, die zum Aufstau des Wassers beziehungsweise zur Sammlung des Holzes dienten. Zu den größten Wasserklausen zählten die Triftklause in Hintersee, die Hauptklausen im Doppelgraben in Großarl und in Forstau bei Radstadt, die Klause in Liebenbach bei Abtenau und weitere zehn, teils aus Stein, teils aus Holz errichtete Klausen im bayerischen Saalforstgebiet. Die Holzmengen, die über den Wasserweg an ihre Bestimmungsorte

sogenannte „Wieden" zusammen. Dabei handelte es sich um dünne Fichten-, Haselnuss- oder Weidenstämmchen, die durch Erhitzen sehr elastische und reißfeste Holztaue ergaben. Anschließend drehte man die Hölzer ringförmig auf. Die Wieden wurden durch die Löcher der äußeren Stammreihen gefädelt und sorgten für die Festigkeit der Flöße.

Reiche Erzlager und wertvolle Mineralien in der Bergwelt Salzburgs, ausgedehnter Waldbestand sowie die Wasserkraft bildeten ideale Voraussetzungen für die Entfaltung einer starken Montan- und Hüttenindustrie. Die

gelangten, waren beträchtlich. Um 1850 etwa trifteten die Holzknechte auf der Salzach und dem Almbach jährlich 120 000 bis 160 000 Festmeter Brenn- und Kohlholz. Ein Teil dieses Triftholzes war für die Schmelzhütte in Lend, für das Eisenwerk in Werfen und für die Eisen- und Kupferhütte in Ebenau bestimmt.

Allein für den an der Salzach und am Almbach bestehenden Holzrechen in Hallein kamen 100 000 Festmeter zur Ausländung (das An-Land-Ziehen des schwimmenden Holzes). Ein Großteil des Holzes wurde als Sud- und Dörrholz (Holz zum Trocknen des Salzes) an der Saline Hallein abgesetzt. Der Rest diente dem lokalen Bedarf der Städte Hallein und Salzburg sowie der Brauerei Kaltenhausen.

Ab Werfen wurde auch Stammholz auf der Salzach geflößt. Vor der Felsenschlucht am Pass Lueg lösten die Holzknechte die Flöße wieder auf. Nach Durchtrift der Einzelstämme durch die Engstellen wurden die Flöße unterhalb der Salzachöfen wieder zusammengesetzt. In den 1870er-Jahren flößte allein das Forstärar (historische Bezeichnung für Wälder im Staatseigentum) 43 000 Stämme Bau- und Nutzholz durch die Schlucht des Pass Lueg. 1879 umfasste die mit der Trift des ärarischen Holzes beschäftigte Einsatztruppe 250 Mann. Mit der ersten Teileröffnung der nach der Kaisertochter benannten Giselabahn im Jahr 1871 sowie der Einführung der fossilen Kohlenfeuerung bei der Saline Hallein gab es allmählich folgenschwere

Änderungen. Zunächst büßte die Holztrift auf der Salzach rasch an Bedeutung ein. Zugleich hatte sich mit dem Bau der Giselabahn ein schwungvoller Holzhandel entwickelt. Der Markt für Nutz- und Bauholz war entsprechend rege und hochpreisig. Damals wurde der Betrieb der Rechenanlage in Hallein wegen zu hoher Erhaltungskosten erstmals infrage gestellt. In den Jahren 1886 bis 1890 pachtete ein privater Unternehmer den Rechenbetrieb und erhielt dafür als Vergütung der jährlichen Erhaltungskosten 3 000 Gulden. Mit der Betriebseröffnung der Halleiner Zellulosefabrik „The Kellner Partington Paper Pulp Comp. Ltd." im Jahr 1892 erhielt der Halleiner

Das Kraftwerk St. Johann im Pongau wurde als erstes der fünf Gemeinschaftskraftwerke in den Jahren 1988–1990 errichtet.

Rechen neuerlichen Aufschwung. Die Verwertung des Schwachholzes als Zelluloseholz bewirkte einen lebhaften Triftbetrieb.

Die Holztrift verlor jedoch durch die Einführung neuer Bringungsmethoden zusehends an Bedeutung gegenüber zeitgemäßeren Formen der Holzbringung. Als der Halleiner Rechen im Jahr 1918 durch Hochwasser zerstört wurde, löste sich der Triftbetrieb auf der Salzach langsam auf. Durch die Erschließung unserer Wälder mit einem weitreichenden Wegenetz und dem Vordringen der Kraftfahrzeuge sowie dem Einsatz moderner Maschinen und Geräte sind Bringungsmethoden vergangener Zeiten unrentabel geworden.

In der Gemeinde Mariazell im Bezirk Bruck-Mürzzuschlag in der Steiermark liegt das einzige noch verbliebene Bauwerk der einst bedeutenden Wassertransportanlagen im Enns-, Salza- und Mürzgebiet. Die größte Massivklause Österreichs, die Prescenyklause, liegt im Naturpark Steirische Eisenwurzen und steht seit 1974 unter Denkmalschutz. Zwischen zwei Felsen ragt das gewaltige Bauwerk aus dem Flussbett, es ist die einzig bekannte Klause österreichweit, die auch zur Flößerei eingesetzt wurde. Über Vorarbeiten von Forstmeister Presceny und unter der Bauleitung des Architekten Johann P. Padock aus Eisenerz wurde die Prescenyklause ab dem Jahr 1843 errichtet. Schon zuvor stand an derselben Stelle eine Holzklause, die allerdings desolat war und nicht mehr zum Einsatz kam.

Außer im Hochsommer bei Wassermangel war die Flößerei durch das Zuschusswasser der Klause täglich möglich. Mit Flößen wurde auch wertvolles Langholz wesentlich schonender flussabwärts transportiert. Das im Umkreis geschlägerte Holz gelangte zunächst in die Klause. Nach Öffnung der Klause schwemmte der Wasserschwall die Floßgruppen ab. Nach dem Übergang von Kohle- und Brennholzwirtschaft für die Eisenverhüttung spielte die Klause eine wichtige Rolle in der Nutzholzwirtschaft.

Neue kostengünstige Transportmöglichkeiten führten 1954 zur Einstellung der Flößerei. In den Jahren 1985 bis 1987 wurde die historische Klause für das neue Kraftwerk Prescenyklause von Mariazell neu adaptiert. Das aufgestaute Wasser fließt nun durch einen Felstunnel und treibt zwei Turbinen an, die Strom erzeugen. Der Betrieb des neuen Kraftwerks erfolgte unterirdisch und die Klause konnte im Originalzustand erhalten bleiben. Die Prescenyklause erinnert auch heute noch an die Zeit, in der die Wasserkraft für den steirischen Erzberg und die Kleineisenindustrie an der Enns enorme Holzmengen lieferte. Holzbringung mittels der Fließkraft des Wassers ist an der Salza ab dem Jahr 1373 urkundlich nachweisbar.

Die Prescenyklause in der Gemeinde Mariazell im Bezirk Bruck-Mürzzuschlag diente einst der Flößerei.

Brunnenwasser – Wasserbrunnen

In der landwirtschaftlichen Erschließung der Alpentäler zwischen dem 11. und 13. Jahrhundert war das Vorkommen von Wasser maßgeblich. Es war hier in Form von Quellen, Bächen und Gebirgsseen reichlich vorhanden. Ohne Wasser kein Leben, das wussten schon die Menschen der Frühzeit. Der Errichtung eines bäuerlichen Betriebs oder eines Gewerbes ging meistens eine lange und gut durchdachte Planungsphase voraus.

Wasser in unmittelbarer Umgebung zu den Gebäuden beziehungsweise der Liegenschaft erleichterte die Besiedelung. Zunächst wurden die kostbaren Quellen gefasst und damals noch mit zusammensteckbaren Holzrohren oder auch offenen Wasserrinnen zu den Häusern abgeleitet. Für Rohre und Rinnen bevorzugte man vor allem astfreies, geradewüchsiges Holz, das an möglichst schattigen Standorten zu finden war.

Die Bauern in früheren Zeiten waren in vielen Bereichen auf sich selbst angewiesen und wussten auch mit dem Werkzeug eines Zimmermanns und Tischlers umzugehen. Für die Anfertigung der hölzernen Langrohre etwa bediente man sich eines speziellen Langbohrers und weiterer Spezialvorrichtungen. Von besonderer Bedeutung waren einst die Haus- und Hofbrunnen. Hier wurde das Vieh gewässert und Nutzwasser für den allgemeinen Gebrauch entnommen. Holzbrunnen finden sich auch heute noch in verschiedenster Größe und Formgebung. Neben einfachsten „Holzbründln" gibt es auch kunstvoll gestaltete Zierbrunnen aus Stein, Glas, Beton oder Metall.

Wasserbrunnen jeglicher Art erfreuen immer wieder das Auge des Betrachters und dienen manchem Wanderer zum Löschen des Durstes. Fallen Regentropfen auf unterschiedlichste Gesteinsschichten der Bergwelt, so benötigen sie mehrere Jahre, bis sie wieder vereint als frisches Quellwasser dem Boden entspringen. Grundsätzlich liefern

Rupertusbründl am Prebersee.

Alter Holzbrunnen auf der Oberhofalm in Filzmoos.

unsere Gebirgsquellen naturreines, frisches und hygienisch einwandfreies Wasser. Durch die niedrige Temperatur im Berginneren und die Verweildauer mehrerer Jahre wird das Bakterien- und Keimwachstum verhindert.

Auch das Grundwasser liefert noch in weiten Teilen des Landes beste Qualität. Für die allgemeine Lebensqualität und das menschliche Wohlbefinden war die Trinkwasserversorgung schon immer von enormer Bedeutung. Verunreinigtes Wasser verursacht gesundheitliche

Schädigung und führte in der Vergangenheit auch zum Ausbruch von Seuchen. Eine Verminderung der Wasserqualität kann natürliche Ursachen haben, aber auch durch menschlichen Einfluss entstehen. Die Errichtung von Quellschutzgebieten ist ein Gebot der Stunde.

Etwa 10 Prozent der österreichischen Bevölkerung versorgt sich über hauseigene Brunnen und Quellen, für den Großteil von 90 Prozent gibt es zentrale Wasserversorgungsanlagen. Während

Brunnen mit frischem Quellwasser in Filzmoos.

Ein vermoostes Wasserbründl im Spätsommer.

für die Wasserqualität von privaten Hausbrunnen keine rechtlichen Regelungen bestehen, unterliegen Unternehmen, die Wasser für den menschlichen Gebrauch bereitstellen, strengen Qualitätskontrollen. Gewinnung, Speicherung oder Verteilung des Nahrungs- und Genussmittels Wasser müssen grundsätzlichen Forderungen des Lebensmittelgesetzes entsprechen. Je nachdem, ob es sich um Grundwasser oder Oberflächenwasser handelt, gibt es zur Beurteilung der Wasserqualität unterschiedliche Verfahren.

Um beste Wasserqualität für die Konsumenten zu gewährleisten, werden den Quellen, Brunnen und Aufbereitungsanlagen an verschiedenen Stellen vom Versorgungsnetz ständig Proben entnommen. Die Erhaltung der heute noch vorhandenen Wasserressourcen sollte eine Verpflichtung der jetzigen Generation sein. Auch für die Nachwelt ist das kostbare Nass unserer Heimat lebensnotwendig.

Im Bereich von ruhigen und fließenden Gewässern gedeiht eine artenreiche

Die Brunnenkresse gedeiht im Bereich von sauberem Wasser.

Pflanzenwelt. Die meist krautigen Gewächse sind an ihren Lebensraum, je nach Wuchsform und Standort, in unterschiedlichster Form angepasst. Wasserpflanzen gibt es frei schwimmend, nicht im Wassergrund wurzelnd, aber auch mit dem Wassergrund fest verankert. Einige Arten schweben und existieren unter der Wasseroberfläche. Manche Wasserpflanzen gedeihen auch noch nach Austrocknung des Nährbodens.

Unter den unzähligen Gewächsen im Bereich von Wasser und Feuchtböden zählt die Brunnenkresse zu einer allseits bekannten Art. Sie ist zudem ein zuverlässiger Qualitätsanzeiger für Trinkwasser. Die ausdauernde, krautige Pflanze, die 15 bis 80 cm hoch wird, kennzeichnet ein hoher Stängel. Die kleinen, unpaarig gefiederten Laubblätter bestehen meist aus zwei bis vier Fiederpaaren und sind an der Oberseite glänzend. Die weißen Blüten mit den 3–4 mm langen Kronblättern entwickeln sich je nach Standort im April und Mai und bleiben etwa von Ende Mai bis Juli erhalten. Die kriechenden Pflanzenteile bilden überall Wurzeln. Die Brunnenkresse war schon in der antiken Welt ein Naturgemüse von höchster Güte. Die Ägypter, Griechen und Römer schätzten sie als Heilpflanze wie als Nahrungsmittel und kultivierten sie für den Anbau im Garten. Als Wildkraut ist sie bei uns als Bachkresse, Wasserkresse oder Bitterkresse bekannt. Die für Umwelteinflüsse extrem sensible Pflanze bevorzugt fließendes, nährstoffreiches Wasser und wächst an Quellen, Bächen und Teichen. Da kostbare Quellen zunehmend für Nutzzwecke gefasst und abgeleitet werden, wird der wertvollen Pflanze immer mehr der natürliche Lebensraum entzogen. Sauberes Wasser ist Voraussetzung für ihr Gedeihen. Es darf kalt, aber nicht eiskalt sein. Unter 7 °C kommt das Wachstum der Pflanze zum Stillstand.

Witzige Holzbrunnen erfreuen das Auge des Betrachters.

Tractat der Wildbeder die vo natur heiß sein
vnd erweisung wie man baden vnd ettliche zufall
der badenden wenden soll.

Heilende Quellen und Bäder

Von der gletscherbedeckten Gipfelwelt bis hin zu tiefen Klammen und Schluchten sprudeln unzählige glasklare Wasserquellen mit unschätzbarem Wert. Österreich ist wasserreich – mit vielen Trinkquellen und Thermenregionen zum Krafttanken und zur Erholung. Bei vielen Erkrankungen führen innerliche und äußerliche Anwendungen zur Besserung. An meist reizvollen Plätzen entspringen „Heilige Bründl" und anerkannte Heilquellen.

Die geheimnisvollen Wege des Wassers reichen vom Ursprung am Berg, über tosende Wasserfälle bis hin zu Flüssen und Seen. Während in vielen Ländern der Erde akuter Wassermangel herrscht, und die dort lebenden Menschen weite Wege zu Wasserstellen in Kauf nehmen müssen, ist das Alpenland mit dem kostbaren Gut „Wasser" reich gesegnet. Meist kann das Wasser mit dem prickelnden Geschmack und der anregenden Wirkung ohne kostspielige

Historische Darstellung des Badelebens im Wildbad Gastein.

Aufbereitung getrunken werden. Allgemein ist das Bewusstsein, wie wertvoll der Naturschatz ist, auch in der Bevölkerung verankert. Trotzdem ist der uneingeschränkte Verbrauch von Wasser in unseren Breiten zur Selbstverständlichkeit geworden. Der Wasserverbrauch eines Erwachsenen liegt bei rund 120 Litern am Tag. Ein sorgsamer Umgang ist allerdings besonders von Bedeutung und dringend erforderlich. Jeder Tropfen gesunden Quellwassers ist wertvoll. Oft wird das kostbare Nass auch unbedacht zum Reinigen vieler Gebrauchsgegenstände wie beispielsweise Autos, aber auch von Plätzen eingesetzt.

Das gesündeste aller Getränke ist klares Wasser, es zählt zu den ältesten Naturheilmitteln – innerlich und äußerlich angewendet. Dennoch gibt es in der Zusammensetzung Qualitätsunterschiede. Vielen Wasserquellen werden besondere Wirkungen zugeschrieben. Die Heilkraft des Wassers wurde bereits in der Antike geschätzt und eingesetzt. Schon vor Jahrtausenden kannten Etrusker, Griechen und Römer die

Augenbründl Maria Elend.

Trennungsstrich zwischen Realität und dem in der Bevölkerung über Jahrhunderte eingebürgerten Aberglauben ist naturgemäß schwer möglich. So geschahen immer wieder besondere Wunder, wie etwa beim Augenbründl von Maria Elend.

In der Pinzgauer Gemeinde Lend im Salzburger Land liegt im Ortsteil Embach in eine herrliche Landschaft eingebettet die Wallfahrtskapelle Maria Elend. Der Legende nach geschah hier, wie an vielen weiteren Orten, ein seltsames Wunder. Wie der in der westlichen Mauer der Kapelle eingemauerte Grabstein erinnert, hatte die „Edle Ursula Penninger zu Penningberg" aus dem nahen Ort Taxenbach eine blinde und einfältige Tochter, die plötzlich verschwunden war. Trotz intensiver Suche über mehrere Tage blieb das Mädchen verschollen. Wie durch ein Wunder fand ein Hirte das Kind südlich des Embacher Ortsteils Winkel beim Augenbründl und das mit klarem Verstand und wieder sehend. Treu einem Gelübde wollte die Mutter aus Dankbarkeit eine Kapelle errichten lassen. Da sich am seinerzeitigen Fundort schon eine Kapelle befand, ließ sie diese etwas oberhalb auf einer kleinen Anhöhe bauen. Embach entwickelte sich immer mehr zu einem Wallfahrtsort. Im 18. Jahrhundert kamen jährlich bis zu 30 000 Pilger, dies führte zum Bau einer Wallfahrtskirche. In einem eigenen Mirakelbuch registrierte man alle Wunder, die sich auf die Fürbitte Mariens ereignet haben sollen.

gesundheitliche Wirkung gewisser Heilquellen. Zahlreiche Mythen, Sagen, Legenden und Wunder aus vergangener Zeit erzählen von heiligen Quellen, besonderen Bründln, Zaubergetränken und Kraftplätzen, die versteckt im Erdinneren von Gottheiten und Quellgeistern bewacht sein sollen und zum Wohle der Menschheit an der Erdoberfläche frei werden. So halfen einst, so glaubte man, Quellen als Schutz vor Dämonen und bösen Geistern. Auch gegenwärtig dient Weihwasser im kirchlichen Gebrauch zur rituellen Reinigung, zum Schutz und zur Segnung. Ein klarer

Tatsächlich wurde in Lend-Embach ein Warmwasservorkommen bestätigt. In den 1950er-Jahren bauten die damaligen Tauernkraftwerke den Stollen von Taxenbach nach Schwarzach, um die Energie der Salzach nutzbar zu machen. Am 20. September 1954 führte ein plötzlicher Wassereinbruch von 600 bis 700 l/s zum Stillstand der Vortriebsarbeiten. Auffällig war die Wassertemperatur von 23–24 °C. 50 Jahre später formierten sich die Gemeinden Lend, Taxenbach, Rauris und Dienten zur Arge Therme Unterpinzgau mit dem festen Willen, dieses Thermalwasser zu erschließen und Ertrag bringend zu nutzen. Die aussichtsreichste Möglichkeit in der Erschließung wurde über eine Tiefenbohrung gesehen. Ein Wasserrechtsverfahren wurde eingeleitet und 2007 mit der Tiefenbohrung begonnen. Das Thermalwasser wurde daraufhin mehrmals beprobt und untersucht. Die chemische Zusammensetzung des Wassers ist vergleichbar mit dem im Warmbad Villach genutzten Thermalwasser.

Das Bedürfnis der Menschen nach Erholung und Entspannung war auch im Mittelalter sehr hoch. Das Badewesen und seine Wirkung auf die Gesundheit nahm damals nicht unbedeutenden Raum ein. Über Jahrhunderte stützte man sich auf reine Erfahrungswerte und kam über gewisse mystische und romantische Vorstellungen der geheimnisvollen Wasserkräfte nicht hinaus. Neue medizinische Entdeckungen wie etwa die Verwendung von CO_2-Bädern für Herzkranke führten allmählich zum Aufbau einer umfassenden Bäderlehre.

Immer neue Erkenntnisse über die Kraft der Heilquellen motivierten die Wissenschaft zu weiteren Forschungen. Die Methoden der Altmeister in der Wasserheilkunde, Kneipp und Prießnitz, fanden immer mehr Aufmerksamkeit und Anhänger. Schließlich entstanden aus den zunächst noch bescheidenen Bäderstationen der größeren Krankenhäuser moderne bäderkundliche Institute.

Die in Krankenhäusern und Badeorten tätigen Ärzte waren bestrebt, in exakten klinischen Untersuchungen sowie laufenden Beobachtungen die durch Erfahrung gewonnenen Heilerfolge zu klären. Mittlerweile sind weltweit

Gasteiner Dunstbad.

Heilquellen bekannt, die aufgrund der außerordentlichen Wirkung des Wassers viel Aufsehen und Bewunderung auslösen. Unzählige Menschen zieht es – auf Genesung hoffend – immer wieder zu den heilsamen Wasserquellen. Laufend kommen aus vielen Ländern aufsehenerregende Berichte durch die gezielte Anwendung gewisser Heilwasser.

In Österreich und Deutschland bedürfen Heilwasser bestimmter Kriterien mit staatlicher Anerkennung. Für heimische Heilquellen gilt im Sinne des Heilvorkommens und Kurortgesetzes, dass deren Wasser aufgrund besonderer Eigenschaften und ohne jegliche Veränderung ihrer natürlichen Zusammensetzung eine wissenschaftlich anerkannte Heilwirkung ausüben oder erwarten lassen. Grundsätzlich sind Heilquellen gekennzeichnet durch besondere Anteile an Eisen, Jod, Schwefel und schwach radioaktiven Bestandteilen wie zum Beispiel dem Edelgas Radon. Gelöstes Kochsalz (Sole) sowie natürliche Kohlensäure können auch enthalten sein. Unterschiedliche Quellen und Mineralwässer zeigen vielfältige Wirkung bei Rheuma, Gelenksleiden oder Rückenschmerzen. Die Mineralstoffe im Wasser sind ein wesentlicher Faktor für Wirkung und Hilfe bei Rheuma, Gelenkleiden, Rückenschmerzen, Verdauungsbeschwerden, Nierenproblemen oder auch bei Stoffwechselerkrankungen. Bei chronischen rheumatischen Beschwerden sowie diversen Hauterkrankungen erwiesen sich Schwefelbäder als hilfreich. Jodhaltige Bäder finden Anwendung bei Kreislaufproblemen und Gefäßverkalkung. Weiches, mineralstoffarmes Wasser wird bei Neurodermitis empfohlen.

Bei Mineralquellen mit einer Austrittstemperatur von mehr als 20 °C handelt es sich um Thermalquellen. Kalte Heilquellen mit einer Temperatur unter 20 °C werden für Trinkkuren genutzt. Meist liegt hier die Temperatur zwischen 8 und 12 °C, gleich gewöhnlichen Wasserquellen. Das sprudelnde Nass aus dem Berginneren sowie aus dem Boden kann sich im Lauf der Zeit auch wieder ändern. Bei anerkannten Heilquellen erfolgt deshalb in regelmäßigen Zeitabschnitten eine behördliche Kontrolle. Nur über anerkannte Quellen können medizinische Badeanwendungen als Einzelanwendung, Kur oder Rehabilitationsmaßnahme durch eine Kuranstalt angeboten werden. Die vielseitige Anwendung des kalten, warmen oder heißen Wassers fördert den Kreislauf und auch den Stoffwechsel und die Verdauung im Rahmen des Regulierungsverhaltens des Körpers. Dieses Signal an die Selbstheilungskräfte beziehungsweise an das Immungeschehen bringt Vorsorge und Heilwirkung. In Kneippbädern und ähnlichen Kuranstalten werden Fuß-, Tret-, Sitz- sowie Tauchbäder in verschiedenen Wärme- und Kältegraden, aber auch Wechselbäder, Duschen, Güsse, Abwaschungen und Packungen verschiedenster Art verabreicht. Auch die Schwitz- und Dampfbäder sowie die Sauna mit ihrer kräftigenden Wirkung auf Kreislauf und Wasserhaushalt des Körpers fördern das Wohlbefinden der Menschen.

Die Kombination von Badevergnügen und Skifahren gibt es im Gasteinertal schon seit längerer Zeit.

Einfache, warme Wasserbäder mit diversen Zusätzen wie sie natürliche Heilquellen bieten, beruhigen bei mehrmals wöchentlicher Anwendung das Nervensystem.

Allerdings bieten sie nicht die gleiche Wirkung wie Heilquellen. Die umfassende und durchgreifende Wirkung von Heilwasser ist meist an die Quelle und ihren Herkunftsort gebunden. Eine Badekultur ist keineswegs eine indifferente Heilmaßnahme. Jeder Badekur soll eine gründliche ärztliche Untersuchung vorangehen, zu verschiedenartig sind die Erkrankungen des Einzelnen. Gegebenenfalls kann und soll die Kur abgeändert und auch bei Unverträglichkeit abgebrochen werden. Den Kurerfolg fördern auch der Genesungswille, die Entfernung aus beruflichen und häuslichen Alltagssorgen sowie eine wohltuende Ablenkung, Unterhaltung und Zerstreuung. Die Einhaltung der Badevorschriften, eventuelle Diätmaßnahmen, aktive und passive Körperbewegung in Form von Massagen und Atemgymnastik und weitere ärztliche Verordnungen fördern den Genesungsverlauf.

Die Liste der anerkannten Heilquellen ist lang und das Wasser unterscheidet sich durch verschiedenartige Inhaltsstoffe und Heilwirkungen. Im Gesundheitswesen und in der Ernährungswissenschaft hat auch das Mineralwasser einen festen Platz eingenommen. Es ist durch seinen Anteil an lebensnotwendigen Mineralien gekennzeichnet. Obwohl es nicht mit dem Wasser anerkannter Heilquellen gleichzusetzen ist, gilt es als kalorienarmer Durstlöscher und dient zur Ergänzung von natürlicher, gesunder und leichter Ernährung. Das Trinken von leicht mineralisiertem Mineralwasser fördert die Gesundheit. Bis zu 2 1/2 Liter pro Tag sind ernährungsphysiologisch besonders wirksam. Laut der österreichischen Mineralwasser- und Quellwasserverordnung darf seine Mineralisierung festgelegte Grenzwerte nicht überschreiten. Die natürliche Beschaffenheit des Mineralwassers darf durch eine technische Behandlung nicht wesentlich verändert werden.

Während allenfalls ein Bestandteil ausgefiltert werden kann, sind Hinzufügungen (außer Versetzen oder Wiederersetzen mit Kohlendioxid) nicht gestattet. Die Abfüllung des Mineralwassers hat in unmittelbarer Nähe der Ursprungsquelle zu erfolgen. Neben den bedeutendsten Mineralwassermarken in Österreich, dem Gasteiner Mineralwasser, der Römerquelle und dem Vöslauer Mineralwasser gibt es eine Reihe weiterer Vertriebsfirmen mit unterschiedlichsten Mineralstoffen im Wasser.

Wildbad Gastein um 1850.

Aufgrund des niedrigen Natriumgehaltes eignet sich das Gasteiner Mineralwasser auch für die Zubereitung von natriumarmer Ernährung sowie von Säuglingsnahrung. Das Wasser wird seit 1929 von einer GmbH in Bad Gastein abgefüllt und vertrieben. Kaum andere Thermalquellen können auf eine so reichhaltige Geschichte zurückblicken wie die berühmten Quellen im weltbekannten Gasteinertal im Bundesland Salzburg. Das Gasteinertal ist eines von mehreren Tauerntälern, die vom Kamm der Ostalpen her in das Längstal der Salzach einmünden. Über Jahrtausende fand ein reger Säumerverkehr über die Tauernpässe statt. Besonders Bodenfunde geben Hinweise und Informationen über die wechselvolle Geschichte des Tales mit den berühmten Heilquellen. Nahe der Elisabethquelle wurde in einer alten Holzverpfählung eine Bronzemünze des Kaisers Trajan (98–117 n. Chr.) gefunden und neben der Grabenbäckerquelle entdeckte man einen römischen Schreibgriffel.

Die Entdeckung der Gasteiner Quellen soll im 7. Jahrhundert erfolgt sein. Über Jahrtausende versickert das Niederschlagswasser und Schmelzwasser der Bergwelt des Graukogels und seiner Umgebung und dringt bis in Tiefen von 2000 Metern. In einem langwierigen Prozess lösen sich im Berginneren aus dem Gestein Spurenelemente und auch Radium. In Verbindung mit Wasser löst sich Radium zum Edelgas Radon. Der enorme Druck in der Tiefe lässt das leichtere, erwärmte Wasser wieder an die Oberfläche aufsteigen und zeigt sich

Gedenkstein.

in Form der Heilquellen. Die Ergiebigkeit der Quellen ist enorm und mit rund fünf Millionen Litern pro Tag wohl einzigartig. Von den 23 Thermalquellen mit Temperaturen von 44 bis 47 °C sind 17 fachmännisch gefasst, damit das schwach mineralisierte, radonhaltige Wasser nicht mit Oberflächenwasser vermengt wird. Die Hauptquellen werden einem Hochbehälter zugeführt und zu den einzelnen Kurhäusern und Hotels geleitet. Mit einer Temperatur von 46,1 °C und einer Schüttung von 1792 Litern pro Minute ist die „Elisabethquelle" am sogenannten „Badberg" die wasserreichste Quelle. Zu den berühmtesten Benützern und Verehrern der Badgasteiner Quellen zählte Kaiserin Elisabeth „Sisi". Mehrere Verse über die Heilquellen stammen aus ihrer Hand:

Bad Gastein um 1865.

Nur kranke Glieder dachte ich zu bringen
Wo mystisch deine heissen Wasser springen,
Geheimnisvoll, versagend und erteilend,
Hier jede Hoffnung nehmend, dorten bleibend.

Eine Kur spielte sich früher vorwiegend im Wasser ab. Neben Wannenbädern wurden auch Duschbäder verordnet. Der Gebrauch der Heilquellen brachte vielen Menschen spürbare Erleichterungen. Radon stabilisiert das Immunsystem, regt den Stoffwechsel der Zellen an und erhöht die allgemeinen Abwehrkräfte des Körpers. Nachgewiesen wurde der Radongehalt im Gasteiner Heilwasser durch die französische Chemikerin und Physikerin Marie Curie am Anfang des 20. Jahrhunderts. Die zweifache Nobelpreisträgerin war zwar nie im Gasteinertal, konnte aber das Edelgas in zugeschickten Proben nachweisen. Der Ruhm der Heilquellen war europaweit

bekannt und erreichte im 16. Jahrhundert seinen ersten Höhepunkt. Nur schwer konnte man im Bad eine Unterkunft finden. Der Name „Wildbad" ist in Bad Gastein seit 1521 bekannt. Enorme Rückschläge im Badebetrieb waren in der 2. Hälfte des 16. Jahrhunderts zu verzeichnen. Der Niedergang des Goldbergbaus, der Beginn der Gegenreformation, die Pest, Erdbeben, Brände und Hochwasser waren dafür verantwortlich. In der Zeit des 17. und 18. Jahrhunderts wurde es um den Badebetrieb still. Kurgäste blieben aus und nur das Badeschloss wurde in den Jahren von 1791 bis 1794 errichtet. Die Anzahl der Tavernen reduzierte sich auf drei. Auch im Jahr 1460 gab es nicht weniger. Erzherzog Ferdinand III., ein überzeugter Anhänger der Heilquellen, förderte die Badekultur und brachte wieder Schwung in das Betriebsgeschehen. In dieser Zeit entstand ein Badekommissariat und die Postverbindung zwischen Salzburg und Gastein wurde neu errichtet. Ein weiterer Meilenstein in der Kurgeschichte war der Besuch von Kaiser Franz I. um 1807, er gab den Auftrag, die berühmten Quellen zu fassen. Nun war das Heilwasser gegen Regenwasser und sonstige Verunreinigungen abgesichert. Mit der endgültigen Übernahme des Landes Salzburg durch Österreich 1816 folgte nach einer Ruhezeit die weitere Entwicklung des Kurbetriebes. Die große Bedeutung und Notwendigkeit des Badebetriebes wurde wiedererkannt und Erzherzog Johann, der Bruder des Kaisers, sowie der Patriarch Ladislaus Pyrker brachten entsprechende Vorschläge für notwendige Erneuerungen ein. Aufgrund bautechnischer Probleme im Quellgebiet entstanden Pläne, das Thermalwasser auch nach Hofgastein zu leiten.

Kaiser Franz I. gestand den Hofgasteinern per Dekret vom 23. August 1828 das immerwährende Recht zu, von der stärksten Elisabethquelle die Hälfte zu nutzen. Von einem Thermalwasserbehälter wird das Wasser nach Bad Hofgastein geleitet und Hotels, Kureinrichtungen sowie der Alpentherme zugeteilt. Auch öffentliche Brunnen werden durch dieses Wasser gespeist. Das Pyrkerdenkmal erinnert an Johann Ladislaus Pyrker, Erzbischof von Erlau, der das Kurwesen in Bad Hofgastein wesentlich vorangetrieben hat.

Die allgemeine Verkehrserschließung durch den Bau der Tauernbahn von 1901 bis 1909 brachte den beiden Kur-

Brunnen zur Hirschsage: „Lasst uns dies Waldrandtier, dass es am Wunderborn gesunde erzählt was ihr entdeckt und bringt vom Heilquell allen Kunde."

orten Bad Gastein und Bad Hofgastein eine gänzlich neue Entwicklung. Die bisher nur mit Pferdefuhrwerk erreichbaren Orte wurden dem großen Verkehr der weiten Welt angeschlossen. Immer mehr prominente und berühmte Persönlichkeiten aus Adel, Politik, Kunst sowie Wissenschaft kamen zum Kuraufenthalt in das Tauerntal. Zu den besonderen und berühmten Badegästen zählten Kaiser Franz Josef I., Kaiserin Elisabeth, Kaiser Wilhelm I., Fürst

Toni Sailer und Josl Rieder
in der Gondel in Gastein.

Bismarck, Grillparzer, Schubert und viele weitere hohe Persönlichkeiten.

Allein Kaiser Wilhelm I. besuchte von 1863 bis 1887 nicht weniger als zwanzig Mal die Heilanstalt. Abt Otto II. vom Stift St. Peter in Salzburg war um 1404 der erste namentlich bekannte Kurgast in Gastein und 1436 weilte als berühmter Kurgast auch Kaiser Friedrich III. bei den Heilquellen. Mit der Bahneröffnung wurde die Erreichbarkeit wesentlich verbessert und die Gästezahl stieg sprunghaft an. Die Verbindung der Bahn in den Süden brachte

weitere Kurgäste. Durch die Kaiserbesuche wurde Gastein Treffpunkt der Weltpolitik. Aufgrund weitreichender diplomatischer Verhandlungen rückte Bad Gastein mehrmals in den Blick der Weltöffentlichkeit.

In der Zwischenkriegszeit begann für die Badeorte eine neuerliche Blütezeit und der Kurbetrieb erhielt einen weiteren Aufschwung, der aber zu Beginn des Zweiten Weltkriegs wieder abflaute. Mit dem Ende des furchtbaren Krieges begann allgemein wieder die Zeit des Aufbaus im gesamten wirtschaftlichen Geschehen. Mit dem Ausbau der Kureinrichtungen und vieler Neubauten entwickelte sich der Tourismus der beiden Kurorte im Sommer als auch im Winter immer besser. Die Gäste- und Nächtigungszahlen erreichten zunehmend außergewöhnliche Höhen. Der Name „Gastein" erhielt wieder seinen historischen Bekanntheitsgrad. International erfuhr Bad Gastein durch die Vergabe der alpinen Skiweltmeisterschaften 1958 einen weiteren Auftrieb. Eine Woche lang strömten Massen von Skisportbegeisterten auf den Graukogel zu den einzelnen Skibewerben um das österreichische Ski-Idol jener Zeit, den Kitzbüheler Toni Sailer, zu bewundern. Schon bei der Winterolympiade 1956 in Cortina d'Ampezzo konnte er in allen Alpinbewerben die Goldmedaille gewinnen. Seinen umfassenden Triumph in Gastein verhinderte nur der Österreicher Josl Rieder. Er verwies den Ausnahmesportler im Slalom auf den zweiten Platz. Dritter in dem vielbeachteten Bewerb wurde der Japaner

Chiharu Igaya. Bei den Damen spielte die Kanadierin Lucille Wheeler in den Alpinbewerben die Hauptrolle. Sie gewann zwei Gold- und eine Silbermedaille. In der Nationenwertung trumpfte Österreich vor der Schweiz und Kanada auf.

Über Jahrtausende erlangte das kostbare Nass durch seine wundertätige Heilkraft immer mehr an Bedeutung. Heilungssuchende Menschen drängten zu sagenumwobenen Quellen. Während das allseits berühmte Heilwasser in Gastein dem Tal über Jahrhunderte eine Blütezeit brachte, war das benachbarte Großarltal noch weitgehend unbekannt. Die immerwährende Kraft des Wassers formte hier über lange Zeit eine tiefe Schlucht mit bizarren und gewaltigen Felsnischen im Gestein. In der Tiefe der Großarler Klamm, ab 1875 Liechtensteinklamm, vermischten sich geheimnisvolle Quellen mit dem Wasser des Großarlerbaches. Gleich dem Gasteinertal wollte man auch hier das Heilwasser zum Wohl der Gemeinde St. Johann im Pongau nutzen. Schon im 14. und 15. Jahrhundert war die Bevölkerung des Pongaus von der heilenden Wirkung der Klammquellen überzeugt. Unter gefahrvollen Einsätzen und beträchtlichem finanziellen Aufwand versuchte man über 300 Jahre lang, der engen Schlucht das kostbare Wasser zu entreißen und für die Menschen nutzbar zu machen.

Wie in vielen weiteren Gebieten sind auch die Klammquellen von mehreren Sagen umwoben:

„Den bösen Feind ärgerte es gewaltig, dass die beiden frommen Einsiedler Primus und Felizian für die kranken Menschen die heilsamen Quellen von Gastein erschlossen hatten. Er sann daher lange nach, wie er es anstellen könnte, diese zu verderben. Endlich kam er auf den Einfall, die warmen Quellen abzuleiten. In einer finsteren, stürmischen Nacht machte er sich mit Feuereifer ans Werk. Schon war er mit einer Quelle weit durch die Berge, gegen Stegenwacht im Großarltal zu, gefahren, da läutete in St. Johann die Morgenglocke, und mit der Macht des Teufels war es vorbei! Polternd und fluchend entwich er ins Gebirge und ward

Liechtensteinklamm.

Die Planungsarbeiten für die Ersterschließung der berühmten Liechtensteinklamm übernahm um 1875 Baumeister Alois Larcher. Im Bild: Larcher (stehend mit Vollbart) mit Freunden um 1900 beim Klammeingang.

nicht mehr gesehen. Seit dieser Zeit aber mischt sich tatsächlich im hintersten Teil der Liechtensteinklamm ein Strom heilsamen Warmwassers mit den kalten Fluten der Großarler Ache und verrinnt mit ihnen nutzlos in der Salzach."

Eine andere Lesart erzählt, dass in den Zeiten, als der Satan mit den Menschen noch in enger Verbindung stand, ein Zauberer auf den Einfall gekommen war, die heilsamen Quellen aus Gastein nach St. Johann zu führen. Er besprach sich hierüber mit dem Satan,

setzte sowohl den Preis als auch die Zeit fest, binnen welcher der Handel vor sich gehen sollte. Der Satan legte wirklich Hand ans Werk, fand aber dabei außerordentliche Schwierigkeiten, welche ihm von den zwei Einsiedlern Primus und Felizian, den Patronen des Gasteiner Bades, in den Weg gelegt wurden. Die fatale Stunde schlug, aber der Satan war mit der Umleitung der Quellen noch nicht weiter als bis an den Arlbach gekommen. Es ist ihm nicht gelungen, die Abmachung einzuhalten, und das Heilwasser blieb bis auf den heutigen Tag in der Tiefe der finsteren Klamm. Über Jahrhunderte wagten es nur verwegene Holztrifter, Wildschützen oder heilungssuchende Menschen, die es immer wieder zu den legendären Quellen des Arlbaches zog, ihren Fuß in das gespenstisch wirkende Gebiet zu setzen. Die Temperatur des Wassers schwankt zwischen +12 und +15 Grad Réaumur (das entspricht etwa 15 bis 18,8 °C), wobei aber in Betracht zu ziehen ist, dass das Quellwasser bei Messungen stets mit Bachwasser vermischt war. Diese namentlich im 19. Jahrhundert vielfach besuchten und durch ihre Heilkraft berühmt gewordenen Quellen sind seit 1693 urkundlich bekannt. In diesem Jahr erhielt Dr. Duelli, Physikus in Radstadt und zugleich Brunnenarzt von Gastein, von Erzbischof Johann Ernest Graf Thun den Auftrag, die Quellen zu untersuchen. Die hierzu bewilligte Summe von 35 Gulden wurde um fünf Gulden überschritten, die erzbischöfliche Regierung war deshalb nicht mehr bereit, weitere Aufträge zu erteilen. Doch die Kunde über die Heilwirkung dieses wundersamen Wassers verbreitete sich wie ein Lauffeuer über das ganze Land. Die Sage ging:

„Es seyen viele Menschen durch das Bad, obgleich kaltes Wasser dazugeflossen, von äußerlichen und innerlichen, von neuen und alten Übeln die Niemand habe heilen können, befreyt worden."

Im Jahr 1700 wurden einige Bürger von St. Johann amtlich einvernommen, ob sie zur Errichtung eines Badehauses Beiträge leisten wollten. Da sich aber niemand fand, wurde das Projekt wieder fallengelassen. Auch die Gemeinde St. Johann bat um Verschonung von derlei Auslagen, da sie ohnehin genug zu zahlen hätte. 1708 wurde durch den Erzbischof die Errichtung eines Badhauses neuerdings angeregt, aber die von den Baumeistern Huber und Bremstaller geforderte Summe von 1866 Gulden schreckte von dem Vorhaben ab. 1708 war ein trockener Sommer, daher war der Wasserstand des Baches sehr tief. Schnell schöpfte man um die warmen Quellen eine Grube aus, und bald war das etwas primitive Bad fertig. Mitunter kamen an einem Tag mehr als hundert Leute aus allen Landesteilen, die in diesen Warmquellen Heilung und Linderung ihrer Krankheiten suchten – oft mit auffallendem Erfolg. Eine Betreibergesellschaft nutzte nun die Gunst der Stunde, errichtete im extremen Felsengelände einen notdürftigen Zugang und erhielt deshalb die Erlaubnis, von jedem Besucher – außer „den ganz armen Leuten" – eine „Landminz" von fünf Kreuzern einzufordern. Die Gesellschaft kam aber auf keinen grünen Zweig, viele Besucher weigerten sich für das von „Gott gespendete Heilwasser" Abgaben zu leisten. Die Einnahmen betrugen 1710 nur 20 Gulden, und die Betreiber klagten über arge Verluste. Schließlich erklärten sich die erzbischöfliche Regierung und die Gemeinde St. Veit bereit, den Betroffenen eine Entschädigung von 70 Gulden zu gewähren. Obwohl die Unkosten damit nicht abgegolten waren, zeigte der Pfleger von St. Johann wenig Erbarmen mit den Mitgliedern der Gesellschaft und stellt in einem Bericht fest, „das übrige wollen sie ihren eigenen beittl klagen und selbst entgelten". Allerdings war der Zugang so schlecht, dass einige Personen beim Abstieg in den Graben abstürzten und sogar den Tod fanden, worauf die Gemeinde St. Johann einige Verbesserungen am Steig vornahm. Das Heilwasser wurde zum magischen Anziehungspunkt für viele Menschen und brachte für so manchen einen willkommenen Nebenverdienst. In Flaschen abgefüllt boten Naturheiler und Geschäftstüchtige das Wunderwasser um 2 1/2 Kreuzer im ganzen Land zum Verkauf an. Wegen des gefährlichen Zugangs ereigneten sich immer wieder Unglücksfälle. Nach mehreren Aufschließungsversuchen zerstörte ein Hochwasser im Jahr 1714 die einfache Badeanlage. Von dieser Zeit an gibt es über die Quellen wenige Informationen. Um 1810 erließ das Königlich-bayerische Generalkommissariat des Salzachkreises an das bayerische Landgericht in St. Johann den Befehl zur Berichterstattung, wie dem warmen Wasser am Arlbach beizukommen sei, um es chemisch untersuchen zu können. Ferner sei der Ursprung der Quellen durch Beiziehung eines Bergbausachverständigen zu erforschen und sich zu beraten, ob die warme Quelle durch einen Schachteinbau vom kalten Wasser abgeschieden werden könnte. Auch eine Kostenschätzung über einen Schachteinbau wurde angefordert. In den Berichten vom 25. April und 26. November 1811 beschreibt der Landesphysikus Dr. Susan die Örtlichkeit, wo das Wasser hervorsprudelt, und nennt vier Quellen in einer Distanz von 31 Klaftern, wovon die erste an der seichtesten Stelle sechs Zoll vom Bachwasser bedeckt war und noch eine Temperatur von 15 Grad Réaumur hatte. Dr. Susan zog aus seinen Beobachtungen den Schluss, dass die Quellen beträchtlich tief liegen und mit dem Bachwasser vermengt zutage treten. Dass sie in großen Quantitäten verborgen liegen, folgerte er daraus, dass sie „bei 300 Schritte Länge dem Flusse eine veränderte Temperatur mitteilen". Am 30. November 1833 untersuchte der k. u. k. Bergverwalter von Böckstein, J. Russegger, in Begleitung von Dr. Kiene und des Pflegers Hartmann die Quellen und veröffentlichte hierüber seine Ansichten im zweiten Heft der „Steiermärkischen Zeitschrift des Lesevereines am Joanneum" in Graz. Aus den Akten des Pfleggerichts St. Johann geht hervor, dass nicht nur nach Graz, sondern auch nach Wien, Erlangen und Halle Quellwasser zur Untersuchung gesendet wurde, doch ist über das Resultat nichts bekannt; Dr. Kiene rangierte die Quellen zu den lauen und indifferenten. Am 2. Juni 1836 erging vom Pfleggericht St. Johann an den Wegmacher Jakob Leimer der Auftrag, vom Steglehen zu den Quellen einen ordentlichen Fußweg herzustellen, was auch geschah. Gleichzeitig erschien eine Kundmachung, laut der eine Belohnung von zehn Talern demjenigen zugesichert wurde, dem es gelänge, bis 1. Februar 1837 den größten und wärmsten Ausfluss dieses Heilwassers zu finden und dem Gericht anzuzeigen. Es fand sich aber kein Bewerber. Im Jahr 1850 bildete sich eine Gesellschaft von Männern in St. Johann und

Salzburg, die sich zur Aufgabe machte, das Heilwasser zu fassen und in hölzernen Röhren flussabwärts zu leiten, wo in einer kleinen hölzernen Hütte das Wasser zum Badegebrauch erwärmt wurde. Elementarereignisse und enorme Kosten brachten auch dieses Unternehmen zum Scheitern.

Niemals zuvor wurde an der Erschließung der Klammquellen so intensiv gearbeitet wie unter dem Vorderrainbachbauer Berger. Enorme Baukosten stürzten ihn jedoch in hohe Schulden. Im August 1881 fand bei seinem Besitz eine öffentliche Versteigerung seiner letzten Habseligkeiten durch einen beeideten Ausrufer statt. Nachdem Berger all sein Hab und Gut geopfert hatte, kam es zur Einstellung des Baus. In großer Verzweiflung und als letzten Ausweg richtete der Vorderrainbachbauer noch eine Bittschrift an Kronprinz Rudolf. Auch das änderte den Verlauf nicht. Simon Berger, um 1858 auch Bürgermeister der Landgemeinde St. Johann im Pongau, wurde ein Opfer der sagenhaften Quellen. Er hatte sich für die Heilquellen völlig verausgabt. Der Schuldenberg wuchs ins Unendliche. Allein die klägerischen Forderungen der Salzburger Sparkasse beliefen sich auf 30 000 Gulden (ein mittelgroßes Bauernlehen kostete seinerzeit etwa 5 000 Gulden). Folgende Liegenschaften von Simon, Theres und Anna Berger kamen zur Exekution: das Gut Vorder- und Hinterrainbach und Riesenlehen im Grundbuch St. Johann, der Besitz Froschau im Grundbuch St. Peter, das Gut am Einödberg – Grundbuch

Lodron, das Gut Pichlhausen im Grundbuch Pfarrwidum Altenmarkt. Ohne seinen langjährigen Traum zeitlebens verwirklichen zu können, verstarb Simon Berger, Vorderrainbachbauer in St. Johann, am Heiligen Abend des Jahres 1886. Sein Name ist mit der neueren Geschichte der Heilquellen untrennbar verbunden. Es gelang ihm nicht, „dem Teufel die Quellen abzujagen". So wird verständlich, dass Berger sie „des Teufels Quellen" nannte, mit dem er sich vergebens um diesen Besitz raufte. Bald darauf, nämlich 1899, versuchte eine Genossenschaft die Heilquellen nutzbar zu machen. Wie schon öfter

Simon Berger (rechts im Bild) opferte sein ganzes Hab und Gut für die sagenhaften Heilquellen.

Erschließungsversuch der „Warmen Quellen" in der Liechtensteinklamm im Winter 1930/31.

Wassers überzeugt. Monsignore Neureiters Aufruf als Landeshauptmannstellvertreter hatte Widerhall gefunden. Landeshauptmann Franz Rehrl (1922–1938), der sich für alles Fortschrittliche zielbewusst einsetzte, unterstützte das Vorhaben. Unter Franz Rehrl entstanden auch die großangelegten Straßenbauten auf den Gaisberg und den Großglockner. Im Jahr 1930 beauftragte der Landtag die Landesregierung, Vorarbeiten zur Nutzung der Heilquellen einzuleiten. Die Österreichischen Bundesforste als Grundbesitzer teilten jedoch mit, dass sie die Erschließungsarbeiten auf ihrem Grund und Boden selbst durchzuführen gedachten, und gaben der Firma Rumpel AG den Auftrag zur Projekterfassung. Allerdings zeigten die Bundesforste ihre Bereitschaft, das großangelegte Vorhaben gemeinsam mit dem Land, den weiteren Grundbesitzern und der sogenannten Liechtensteinklamm-Heilquellengenossenschaft in Angriff zu nehmen. Die Landesregierung nahm den Vorschlag an und es erfolgte eine gemeinsame Aufschließung der Quellen. Aufwendige Arbeiten unter äußerst schwierigen Bedingungen führten zu enormen Kosten. Im Oktober 1931 besichtigte eine Kommission, bestehend aus den Vertretern der Generaldirektion der Österreichischen Bundesforste und der Landesregierung, Mitgliedern der Liechtensteinklamm-Heilquellenbadgenossenschaft und dem bekannten Geologen Oberbergrat Dr. Ing. Imhof, die Baustelle. Seitens der Sachverständigen wurde einstimmig festgestellt, dass nur sehr geringe Wahrscheinlichkeit bestünde,

blieb der entscheidende Erfolg wiederum aus, und man brach das Unternehmen mit großer Enttäuschung ab. Um 1908 veröffentlichte Michael Neureiter, Kooperator in St. Johann und späterer Landeshauptmann-Stellvertreter und Domkapitular in Salzburg, eine sehr beachtliche Abhandlung über die warmen Quellen im Arlbach. Immer wieder appellierte der Geistliche an Land und Staat, die Erschließung in die Hand zu nehmen. Neureiter war wie viele seiner Zeitgenossen von der außergewöhnlichen Heilwirkung dieses gewachsenen Fels ohne Aufwendung enormer Kosten zu erreichen. Wieder einmal schien alle Mühe umsonst gewesen zu sein. Ing. Leo Lippert von der Firma Rumpel AG aus Badgastein berichtet um 1931 über die Quellen in der Großarler Ache:

„Die relative Nähe des gegenständlichen Thermenauftrages von jenem Badgasteins, geradlinige Horizontalentfernung zirka 21 Kilometer, macht die Frage nach dem Zusammenhang und der Qualitätsverwandtschaft beider Vorkommen erklärlich. Hierzu lässt sich mit Gewissheit keinerlei Behauptung aufstellen, da die Entstehungsweise dieser Thermen völlig ungeklärt und strittig ist.“

Ein Teil der Fachleute nennt die Gasteiner Thermen vadose Thermen, also solche, die ein Einzugsgebiet an der Erdoberfläche besitzen und von Niederschlagswässern gespeist werden, ein anderer Teil zählt sie zu den juvenilen Thermen, deren Wasser samt seinen Bestandteilen Entgasungsprodukte unterirdischer Magmamassen darstellen. Schließlich gibt es beide Typen kombiniert als gemischte Thermen. Sicher ist, dass alle Arten von Thermen nur dort auftreten können, wo tief ins Erdinnere greifende Spalten und Klüfte der irdischen Gesteinsrinde vorhanden sind, die beim Wasser die Wege zum Eindringen ins wärmere Erdinnere und zum Aufsteigen aus diesem bieten, falls dieser letzte Weg nicht künstlich hergestellt wurde. Das sind also Örtlichkeiten, wo durch den Aufbau der Lithosphäre und die hierbei

wirkenden Kräfte tiefgehende Brüche des Gesteins eintraten. Sowohl für die Furche des Badgasteiner Wasserfalls als auch für jene der Liechtensteinklamm sind nordsüdlich streichende, fast lotrechte Verwerfungsklüfte von ursächlicher Bedeutung. Vielleicht sind sie auch die Bringer der Thermen, obwohl diese auch ost-westlich gerichtete, quer zu jener Streichrichtung verlaufende, Schichtungen sein mögen. Jedenfalls können weder die Verwerfungs- noch die Schichtklüfte beider Lokalitäten identisch, sondern bloß in Abständen von zirka 7 bzw. 20 Kilometern parallel streichende Klüfte sein. Sie

Statuten des Heilquellenbads Liechtensteinklamm.

Unter schwierigen Arbeitsbedingungen versuchte man 1938/39 abermals den warmen Quellen im Arlbach auf die Spur zu kommen. Im Hintergrund ist der Bohrturm zu sehen.

kommen daher als gemeinsame Bringer beider Thermalvorkommnisse im Falle vadosen Ursprungs kaum infrage. Bei Thermen juvenilen Charakters wäre ein Zusammenhang im Erdinneren eher denkbar, da hier die angegebenen Oberflächen-Entfernungen der Spalten gegenüber der Dichte der Gesteinsschichten der Erde wohl eine wesentliche Rolle spielen. Ein Zerschneiden der Klüfte in größerer Tiefe wäre somit nicht ausgeschlossen. Die Eingriffe, die die Menschenhand an den Quellenaustritten vorzunehmen imstande ist, ist derart verschwindend gegenüber den Längen der Quellwege in der Erdrinde, dass eine Beeinflussung einer Quellenfassung durch die andere nicht anzunehmen ist. Indes könnte die Qualität der Thermenvorkommnisse, besonders im Falle juvenilen Ursprungs beider, eine ähnliche sein, obwohl die Badgasteiner Thermen direkt dem Urgestein entspringen, während die Großarler Thermen das übergelagerte Kalkgebirge, wenigstens in ihrem letzten Wegstück, durchfließen, woraus sich vermutlich eine Differenz in den Eigenschaften ergibt. Ein Vergleich der Wasseranalysen und Temperaturen beider Thermalquellengruppen ist vorderhand ziemlich zwecklos, solange die Thermalwässer bei der Liechtensteinklamm offenbar stark mit Bachwasser vermengt erscheinen und nicht durch deren Fassung eine möglichste Konzentration erzielt wurde. Die dort gemessenen Höchsttemperaturen schwanken je nach den Wasserständen der Ache zwischen zirka +14,2 bis +15,4 °C und steigen mit sinkendem Bachspiegel trotz Abnahme der Temperatur der Luft und des Bachwassers. Dr. Jungwirth stellte 1806 die höchste Quelltemperatur mit +15 Grad Réaumur, das sind +18,8 °C fest.

Überzeugt von der Heilkraft des Wassers und besessen von der Idee, dem Geheimnis der Klammquellen endlich auf die Spur zu kommen, versuchte das Landesbauamt im Auftrag des Landes Salzburg noch einmal sein Glück. In den Jahren 1938/39 begann eine Arbeitsgruppe mit der schwierigen Arbeit. Will man den Aussagen heute noch lebender Zeitzeugen glauben, war das langersehnte Ziel greifbar nahe und soll es auch gelungen sein, mehrere Thermalquellen anzubohren. Völlig unerwartet kam von höherer Stelle der Auftrag, die Erschließungsarbeiten unverzüglich einzustellen, und der Arbeitstrupp wurde kurzerhand abgezogen. Doch schon im Kriegsjahr 1940 trafen sich in den Räumen der „Reichsgaukämmerei" in Salzburg Vertreter des Landes und der Reichsforste zu einer wichtigen Besprechung. Wieder ging es um die Nutzung der legendären Heilquellen. Zur vollständigen Klärung der Sachlage sollte im Rahmen der gegebenen geologischen und technischen Möglichkeiten eine zusätzliche Probebohrung vorgenommen werden. Durch die folgenden Kriegswirren gelangten aber die beschlossenen

Maßnahmen nicht zur Ausführung, und das kostbare Quellwasser sprudelte weiterhin in großer Menge in den Arlbach. Die Ergiebigkeit sämtlicher bisher nachgewiesenen Quellen beträgt etwa 350 Sekundenliter.

Nach einer längeren Ruhephase investierten einige Privatpersonen einen beträchtlichen Betrag zur Erschließung der Quellen. Mit dem Bau der Hotelanlage „Alpenland" in St. Johann erhielt der Traum vom Kurtourismus noch einmal neue Nahrung. Zunächst errichtete man von der Großarler Landesstraße in die Tiefe der Klamm eine Materialseilbahn, und wieder begannen umfangreiche Erschließungsarbeiten.
Die Meinung, die Klammthermen hätten ihren Ursprung in der gleichen Verwerfungsspalte wie das Gasteiner Thermalwasser, findet nicht überall Zustimmung. Aufgrund der Untersuchungsergebnisse über die Zusammensetzung des Klammwassers war man überzeugt, dass die Quellen aus sehr großer Tiefe entspringen und mit dem Gasteiner Wasser in keinem Zusammenhang stehen. Beim bisher letzten Versuch, die Klammquellen nutzbar zu machen, konnten zwar die technischen Probleme gelöst werden, der wissenschaftliche Nachweis, weshalb das Wasser zu Heilerfolgen führt, fehlt aber. Mit den heute zur Verfügung stehenden Untersuchungsmethoden war es nicht möglich, ein entsprechendes Gutachten zu erhalten. Deshalb stellten die Betreiber nach jahrelangen Erschließungsarbeiten das Projekt schweren Herzens ein.

Wasser als Eis

Eis bildet sich bei der Abkühlung von flüssigem Wasser oder Wasserdampf auf 0 °C. In der Natur findet sich Eis in Form von Hagelkörnern, Schneeflocken, der gefrorenen Oberfläche meist ruhiger Gewässer und vor allem in den Gletschergebieten höherer Gebirgsformationen. Gletscher sind Eisströme aus Schneemassen, die sich in Hochlagen befinden und normalerweise auch während des Sommers nicht abtauen. Fällt neuer Schnee immer wieder auf eine schon vorhandene Schneedecke, so verwandelt sich Schnee nach einem gewissen Zeitraum in Gletschereis. Der Auflastdruck der neuen Schneedecke führt zu einem Luftverlust in den Poren und einer Verdichtung der Schneekristalle in den unterliegenden Schichten. Sommerliche Erwärmung und Wiedergefrieren führen zunehmend zur Festigung der Schneedecke. Über Jahre hinweg entsteht schließlich ein Eispanzer. Die Gletschereisbildung ist in erster Linie von atmosphärischen Klimagegebenheiten abhängig. Je nach den herrschenden Temperaturen und Niederschlagsmengen können sich Gletscher in größere Höhen zurückziehen oder in tiefere Lagen vorstoßen. Trockene Winter mit wenig Schnee wirken sich negativ auf die Gletschermasse aus. Vorwiegend wird das Gletschereis jedoch von der Witterung der Sommermonate gesteuert, besonders höhere Lufttemperaturen und starke Sonneneinstrahlung wirken sich nachteilig aus. Während der sogenannten „Kleinen Eiszeit" um 1850 entwickelten sich die Gletscher in den Alpenregionen Europas prächtig. Auch österreichweit erreichten sie damals ihren letzten Höchststand. Seit dieser Zeit reduzierte sich die Eisfläche um mehr als 50 Prozent. Die Alpengletscher verlieren seit dem Jahr 2000 jährlich zwei bis drei Prozent ihres Volumens. Die herrschende Klimaerwärmung zerrt unaufhaltsam an der Mächtigkeit der Gletscherwelt. Wo vor wenigen Jahrzehnten noch dickes Eis war, finden sich jetzt neben Fels und Geröll tiefblaue Gebirgsseen mit schwimmenden Eisschollen.

Eisformationen erscheinen
auf zauberhafte Art.

Pasterze 2012

Trotz der Klimaeinflüsse ist das Hochgebirge des Nationalparks mit den 342 Gletschern auch derzeit eine zauberhafte Naturwelt für sich. Rund 10 Prozent (Stand 2015) sind noch mit Eis bedeckt. Doch der Traum des ewigen Eises schwindet von Jahr zu Jahr. Glaubt man den Prognosen namhafter Experten, so verschwinden bis zum Jahr 2100 rund 80 Prozent der Alpengletscher. Fotovergleiche aus vergangenen Jahrzehnten dokumentieren den enormen Rückgang der Eismassen in der Alpenregion. Regelmäßig werden von Expertenteams aufwendige Eismessungen durchgeführt. Die vorliegenden Ergebnisse sind

wenig erfreulich. So führt auch die Zentralanstalt für Meteorologie und Geodynamik (ZAMG) ständig Messungen auf den Gletschern der Hohen Tauern durch.

Mit 10 Prozent weniger Winterschnee und heißen Sommermonaten wirkte sich das Jahr 2017 besonders nachteilig auf die Eisstärke aus. Die Pasterze am Großglockner war mit Stand 2017 rund 6,5 Kilometer lang und hatte mit Stand 2015 ein Ausmaß von 17 Quadratkilometern. Laut Messungen büßte der größte Gletscher Österreichs innerhalb eines Jahres im Mittel 2 Meter Eisdicke ein. Besonders dramatisch sind Vergleiche über einen längeren Zeitraum. So hat etwa der Vernagtferner im Tiroler Ötztal in den vergangenen 150 Jahren rund zwei Drittel seiner Eismasse verloren. Deutschlands höchster Berg, die Zugspitze, besitzt nur mehr ein Sechstel des einstigen Schneeferners. Immer öfter zeigen sich graue Schuttareale wo vor nicht allzu langer Zeit noch dicke Eismassen waren.

Gletscher sind für die Menschen vieler Regionen von enormer Bedeutung. In manchen Alpengebieten ist das Süßwasser aus der Gletscherschmelze das Haupttrinkwasser-Reservoir. Nachteilig wirkt sich die Klimasituation auch auf die Süßwasserreserven aus. Durch die derzeitige Abschmelzphase herrscht zunächst ein Überangebot an Wasser, nach dem Abschmelzen beginnt die Zeit der Wasserknappheit. Die langfristige Trinkwasserversorgung ohne die weißen Berggiganten könnte weltweit zu Versorgungsengpässen führen. Deshalb wird bereits nach Alternativen zur Sicherung des lebensnotwendigen Wassers gesucht. Der Rückzug der Eisgiganten führt auch zur Veränderung des alpinen Landschaftsbildes. Die Böden der Rückzugsgebiete werden instabiler, Erdrutsche und Bergstürze folgen. In den öden Gesteinswüsten finden sich kaum Pflanzen und Lebewesen.

In allen Gletscherregionen spielen die Eisberge auch eine gewisse Rolle für den Temperaturhaushalt. Neben der Forschung dienen Gletscher auch der Tourismuswirtschaft. Gletschergebiete locken jährlich unzählige Skifahrer, Langläufer, Freestyler und Winterwanderer zum Wintersportvergnügen in die hochalpine Welt aus Schnee und Eis.

Pasterze 2018 – enorme Abschmelzphase innerhalb von sechs Jahren.

Gletschereis und Bergwasser als Landschaftsformer

Über Millionen von Jahren gab es in der Erdgeschichte immer wieder Klimaveränderungen. Die letzten vier Eiszeiten Günz, Mindel, Riß und Würm erhielten ihre Namen nach Flüssen in Oberbayern. Die Eiszeit „Würm" erreichte vor 22 000–24 000 Jahren ihren Höhepunkt. Weite Teile des Alpenraums lagen unter einem riesigen Eispanzer. Die mächtigen Gletschervorstöße reichten von den Zentralalpen bis ins Alpenvorland. Nicht weniger als 150 000 km² beanspruchte damals die gigantische Eisfläche. Den Salzachgletscher, Rheingletscher, Murgletscher und Traungletscher kennzeichnete eine jeweils bis zu 2 000 Meter dicke Eisdecke.

Der Schwerkraft folgend bewegt sich beim Gletschervorstoß der Eisstrom über das darunterliegende Gelände. An der Gletscherbasis entsteht durch den enormen Eisdruck ein Schmelzprozess, auf dessen Wasserfilm das Eis gleitet.

Pasterze mit Blick zum Johannisberg (3 453 Meter).

Unsere Alpengletscher bewegen sich derzeit bis zu 150 Meter pro Jahr. Österreichs größter Gletscher, das Pasterzeneis, zieht täglich 6–7 cm talwärts. Das Eis der Gletscher entsteht in Hochlagen oberhalb der Schneegrenze, wo die niedrigen Temperaturen den Schmelzvorgang nicht mehr hindern. Schicht für Schicht sammelt sich der Schnee, wobei die Schneekristalle durch die Sonneneinstrahlung tauen und bei Kälte wieder gefrieren. So wird der Schnee zu Firn und dieser durch wiederholtes Schmelzen und Gefrieren zu Gletschereis.

Ob ein Gletscher wächst, stagniert oder schmilzt, ist von der herrschenden Temperatur abhängig. Für Gletscher ist entscheidend, ob die Niederschläge als Schnee oder Regen erfolgen. Schnee führt zu Eisbildung, Regen hingegen zur Abschmelzung. Vor etwa 18 000 Jahren verursachte die eintretende Klimaerwärmung eine weitreichende Abschmelzphase des bis dahin mächtigen Gletschereises. Von dem umliegenden Gebirge fallen immer wieder

Gletscherschliff St. Koloman/Tennengau.

Endmoräne am Gletscherrand abgelagert. Aus dem „Gletschermund" sprudelt während des Jahres die sogenannte „Gletschermilch", das Schmelzwasser. Vereint mit anderen Wasserabläufen stürzt ein schäumender Bergbach ins Tal.

Wird der stetige Eisfluss des Gletschers durch Felserhebungen unter dem Eis, unterschiedliche Gefälle des Untergrundes oder verschiedene Fließgeschwindigkeiten innerhalb des Gletschers gestört, so entstehen Gletscherspalten. Die Erosionskraft der Gletscher sowie die einschneidende Wasserkraft bewirken eine Umformung des Landschaftsbildes. Das Gletschereis verursacht eine wesentlich stärkere Umbildung als der Wind und das fließende Wasser. Durch mächtige Talgletscher mit starker Seitenerosion entstanden weite Täler, sogenannte „Trogtäler", wie etwa das Salzachtal im Salzburger Land.

große Mengen an Gestein auf das Eis. Durch die fließende Eisbewegung werden aber auch feinster Schutt und Gesteinsbrocken in unterschiedlicher Größe vom Fels losgerissen und von der schweren Eislast mittransportiert. Mithilfe des mitgerissenen Schuttmaterials und der enormen Last fräste und schürfte sich das Eis in den Untergrund. Feinkörniges Material bewirkte ein Glatthobeln des Bodens, gröbere und grobe Partikel schrämmten Rillen in den Fels. Unterschiedliche Rundlöcher und Reibflächen entstanden. Das mitgerissene Material wird letztlich als Grundmoräne an der Basis beziehungsweise als

Während die gewaltige Eislast die Haupttäler immer tiefer schliff, war der Eisdruck in den Seitenarmen wesentlich geringer und es bildeten sich allmählich stufenartige Geländeabfälle. Die einschneidende Wasserkraft und die unterschiedlichen Gesteinshärten ließen zahlreiche, wildromantische Klammen entstehen. Trotzte das Felsgestein der Kraft des Bergwassers, entstanden in der Naturlandschaft beeindruckende Wasserfälle. Wo das Gletschereis verschwindet, entstehen andere Landschaftselemente. So bildeten sich neue schillernde Gebirgsseen mit glasklarem Wasser.

Suldenferner/Südtirol.

Unsere Alpengletscher bieten ein imposantes Erscheinungsbild. Mächtige Eisgebilde bezaubern das Auge des Betrachters. Die Alpen ohne Eis und Firn sind für Bergfreunde unvorstellbar. Noch um das Jahr 2000 wurden alpenweit rund 5 000 Gletscher mit einer Gesamtfläche von etwa 2 400 km² registriert. Nahezu die Hälfte der prachtvollen Eiswelt liegt in der Schweiz. Hier bezeichnet man Gletscher als „Firn". In Tirol und Süddeutschland spricht man beim Gletscher von „Ferner". In Deutschland ist der größte Gletscher der Nördliche Schneeferner der Zugspitze. In Salzburg ist wiederum der Begriff „Kees"

geläufig. Gletscher haben besonderen Einfluss auf die Umwelt. Die Eismassen regeln den Abfluss der Gebirgsbäche. Der Wasserkreislauf im Hochgebirge ist besonders von Gletschern abhängig. In der kalten Jahreszeit wird der Schnee gespeichert und in den wärmeren Monaten wieder als Schmelzwasser abgegeben. Die sichere Wasserversorgung der Flüsse, besonders in warmen niederschlagsfreien Sommern, ist vor allem den abgeschmolzenen Gletschern zu verdanken. Als größter Gletscher Österreichs und der Ostalpen präsentiert sich die Pasterze. Gemeinsam mit dem 3 798 Meter hohen Großglockner gilt

Die Wolfsklamm bei Stans in Tirol zählt zu den sehenswertesten Klammen in Österreich.

Wasserfällen zählen Klammen zu den imposantesten Naturphänomenen. Besonders zur Schneeschmelze oder nach Regenperioden beeindrucken die gigantischen Schluchten mit tosenden und stürzenden Wassermassen. Die engen, dunklen Klammen mit den bizarren Gesteinsformationen galten für Menschen der Frühzeit als besonders geheimnisvoll und es entstanden zahlreiche Sagen und Mythen. Zu den bedeutendsten Klammen im Land Salzburg zählen die Salzachöfen in Golling, die Sigmund-Thun-Klamm in Kaprun, die Kitzlochklamm in Taxenbach, die Lammerklamm in Scheffau am Tennengebirge, die Vorderkaserklamm in St. Martin bei Lofer sowie die Liechtensteinklamm bei St. Johann im Pongau. Auch in weiteren Gebirgsgegenden begeistern Klammen und Schluchten viele Naturbewunderer. Zu den sehenswertesten Klammen in Österreich zählen die Liechtensteinklamm im Salzburger Land und die Wolfsklamm bei Stans in Tirol. Die Wolfsklamm, in der Silberregion des Karwendels gelegen, ist ein Naturwunder ersten Ranges. Bei einer rund 1,5-stündigen Wanderung über Stufen, Stiegen und Felsschluchten erlebt der Besucher ein beeindruckendes Zeugnis der gigantischen Erosionskraft des fließenden Wassers. Die Wolfsklamm ist aufgrund von Lawinen- und Steinschlaggefahr nur in den Sommermonaten begehbar. Im Spätherbst zieht der Frost ins Land und Steine lösen sich immer wieder im höher liegenden Felsmassiv des mächtigen Karwendels. Aus Sicherheitsgründen bleibt die Klamm in dieser Zeit geschlossen.

die Region als einzigartiges Symbol unserer Bergwelt und unterliegt einem besonderen Schutz als Teil des Nationalparks Hohe Tauern.

Die Umgestaltung der Landschaftsformen durch die Gletscher der Eiszeit und die erodierende Kraft des Wassers führten zur Bildung wildromantischer Klammen und Schluchten im Gebirgsland. Als Klamm bezeichnet man besonders enge Felseinschnitte, die von einem Fluss oder Gebirgsbach durchflossen werden. Neben tosenden

Die Entstehung der wildromantischen Liechtensteinklamm ist in erster Linie der einschneidenden Wasserkraft zu verdanken. Himmelwärts strebende, passagenweise sogar überhängende Felswände, durch die tosenden Wasser der Großarler Ache eigenwillig geformte Aushöhlungen und Steinnischen haben durch die Jahrtausende die Liechtensteinklamm geschaffen – eines der großen Naturwunder in den österreichischen Alpen. Um ihren Werdegang zu verstehen, muss man sich die Kräfte, die diese Landschaft einst formten, vergegenwärtigen. Während der letzten Eiszeit bedeckte ein mächtiger Gletscher das Salzachtal und seine Nebentäler. Während die gewaltige Last des Eisstromes das Haupttal immer tiefer schliff, war der Eisdruck in den Seitenarmen erheblich geringer, und es bildeten sich allmählich stufenartige Geländeabfälle. Je nach Härte des örtlichen Gesteins bewältigten die Wasserläufe der Seitentäler diese Stufen entweder in Form eines Wasserfalls, wie es in Krimml geschehen ist, oder es entstand eine tiefe Schlucht wie am Ausgang des Großarltals.

Die Klammzone ist aus Klammkalken und kalkartigen Klammschiefern aufgebaut. Durch die treibende Kraft des Wassers und die von der Großarler Ache aus den Hohen Tauern herausgeschwemmten Steine bildeten sich im verhältnismäßig weichen Klammkalk kreisrunde Auswaschungen, sogenannte Gletscherbachmühlen. Die unterschiedlichen Gesteinshärten brachten teilweise bizarre Felsformationen mit

sich, ausgewaschene Kessel und extreme Engstellen. Über Jahrhunderte wagten es nur verwegene Holztrifter, Wildschützen und Heilungssuchende, die auf die Kraft der Heilquellen im Grund der Klamm hofften, diesen nahezu gespenstisch anmutenden Ort aufzusuchen. Einer Handvoll weitblickender Männer aus dem Pongau ist es zu verdanken, dass alljährlich über Hunderttausend Menschen die Schönheit dieses Naturdenkmals erleben können. Kaum ein Besucher zeigt sich nicht fasziniert von dem gewaltigen Erscheinungsbild und dem fast geisterhaft anmutenden Wechselspiel von Licht und Schatten in der Enge und Tiefe der Klamm.

Fürst Johann II. von und zu Liechtenstein, der auch Jagdherr im Großarltal war, stellte für die Erschließung der Klamm einen namhaften Betrag zur Verfügung. Dank seiner großzügigen Spende sollte der Name „Liechtenstein" für immer mit der Klamm verbunden bleiben. Unter Anwesenheit zahlreicher Ehrengäste wurde die Liechtensteinklamm im Jahr 1876 feierlich eröffnet. Damals konnte man nicht ahnen, dass sich die Klamm zu einem Besuchermagneten ersten Ranges entwickeln sollte. 2012 war ein Rekordjahr, 172 500 Gäste besuchten die sagenumwobene Schlucht.

Mittlerweile pendelte sich die Besucherzahl auf 200 000 Personen ein. Die Sicherheit der Klammbesucher war für die Stadtgemeinde St. Johann immer schon oberstes Gebot. Vor jeder Eröffnung im Frühjahr werden die hohen,

Nach umfangreichen Sanierungs- und Baumaßnahmen wurde die berühmte Liechtensteinklamm im Herbst 2019 wieder für Besucher zugänglich gemacht.

abschüssigen Felswände von lockerem Gestein und Holz befreit. Durch Frosteinwirkung im Winter lösen sich Teile des Gesteins und es entstehen Risse, dazu kommen Windbrüche an Bäumen und Gesträuch. Mutige Felsräumer seilen sich über schwindelerregende Felswände ab und untersuchen das gesamte Einzugsgebiet. Sie haben eine gefährliche Arbeit zu bewältigen. Auch die Wege und Stege müssen regelmäßig einer technischen Begutachtung über ihren Bauzustand unterzogen werden.

Wie gefahrenreich die Klamm tatsächlich sein kann, geht aus der Chronik ihrer Naturkatastrophen und Unglücksfälle hervor. Öfter schon kam es trotz aller Sicherheitsvorkehrungen zu dramatischen Ereignissen. Hochwasser verursachen in der Liechtensteinklamm immer wieder enorme Schäden. So im August und September 1966, als fast die Hälfte aller Wege und Steganlagen von dem reißenden Klammwasser zerstört oder beschädigt wurde. Aber schon der niederschlagsreiche, strenge Winter 1953/54 hatte eine Naturkatastrophe mit sich gebracht. Eine gewaltige Schneelawine verschüttete damals die Großarler Ache bis zehn Meter hoch. Die Schneemassen überdeckten sogar das Restaurantgebäude. Es sollte nicht das einzige Unglück dieses Jahres bleiben. Am 20. Juli 1954 um 11.45 Uhr brach ungefähr 900 Meter nach dem Klammeingang eine aufwärts führende Brücke ein. Zwanzig Klammbesucher – Gäste aus Wien, Holland und Belgien – stürzten in die Tiefe. Drei Personen verletzten sich dabei schwer, siebzehn kamen mit leichten Verletzungen davon.

Auch in weiterer Folge stand die wildromantische Klamm mit den himmelwärts strebenden, passagenweise sogar überhängenden Felswänden unter keinem guten Stern. Aufgrund eines gewaltigen Felssturzes im Mai 2017 musste die Klamm vorübergehend gesperrt werden. Die Stadtgemeinde leitete aufwendige Sanierungsmaßnahmen zur Sicherheit der Besucher ein. Mit einem Kostenaufwand von rund 3,5 Millionen Euro wurde die Errichtung von zwei Tunnels, Schutznetzen und Galerien gewährleistet und die weltberühmte Klamm für Besucher wieder geöffnet.

Tierleben in Luft und Wasser

Wie Fossilien von verschiedensten Fundstellen belegen, ist die Tiergruppe der Libellen viele Millionen Jahre alt und lebte schon lange vor der Zeit der Dinosaurier. Abgesehen von der verringerten Körpergröße haben sich Libellen bis in die Gegenwart kaum verändert. Für die Entwicklung und das Weiterleben benötigen die Tiere einen Lebensraum mit natürlichen Tümpeln, Teichen und Seen. Die meisten Arten bevorzugen ruhige Gewässer, einige leben auch in Fließwassergebieten.

Libellen benötigen neben Süßwasserstellen auch einen weiten Luftraum, denn sie zeigen sich bei der Nahrungssuche als wahre Flugakrobaten. Mit ihren steifen, durchsichtigen, von einem Adernetz durchzogenen und voneinander unabhängig beweglichen Flügelpaaren können Sie in der Flugphase stehen bleiben und sogar rückwärts fliegen. Eine Eigenschaft, die nur sehr wenigen

Tieren vorbehalten ist. Zudem sind Libellen mit riesigen Facettenaugen ausgestattet, die ein „Rundumsehen" während der spektakulären Flugmanöver ermöglichen. Bei ihren Fangflügen erreichen die ausgewachsenen Tiere bis zu 40 Stundenkilometer. Mit den Fangarmen und ihrem kräftigen Mundwerk ziehen die Flugkünstler die erbeutete Nahrung an sich.

Im Liebesrausch tänzeln Männchen und Weibchen in der Luft. Besonders außergewöhnlich zeigen sie sich bei ihrer Paarung mit einem körperverbindenden „Paarungsrad". Die Weibchen legen ihre Eier auf dicht oberhalb der Wasserfläche ragende Pflanzen, manche Arten werfen ihre Eier während des Fluges ins Gewässer. Aus den Eiern schlüpfen schließlich die Larven, sie entwickeln sich nur in ruhigen, stehenden Gewässern. Mit einem hervorragend ausgeprägten Fangmaul ernähren sich die Larven am Gewässergrund von Kleinkrebsen, Kaulquappen und diversen Wasserinsekten. Am häufigsten beträgt die Larvenentwicklung ein

Hufeisen-Azurjungfern (*Coenagrion puella*) bei der Paarung.

bis zwei Jahre, die Spanne der einzelnen Arten schwankt aber von einigen Monaten bis fünf Jahren. Schließlich klettern die Larven an Wasserpflanzen empor, verlieren ihre Larvenhülle und sind vollentwickelte Libellen.

Von den weltweit rund 5 000 Libellenarten sind in Europa etwa 130 bekannt, in Mitteleuropa leben etwa 80 verschiedene Arten. Die grundsätzliche Einteilung erfolgt in Groß- und Kleinlibellen, wobei nicht unbedingt die Körpergröße eine Rolle spielt. Kleinlibellen besitzen einen feineren, schlanken Körper, in Ruhestellung bleiben die Flügel zusammengezogen. Großlibellen besitzen eine gedrungene Körperform,

beim Sitzen auf Zweigen und Blättern sind die Flügel ausgespannt. Der Lebensraum der meisten Libellen befindet sich in der Umgebung von Wasser und Nassräumen, nur hier können sich die Larven entwickeln. Die Erhaltung natürlicher Tümpel, Wasserstellen und feuchter Bodentypen ist für die anmutigen Flugkünstler lebensnotwendig. Auch in naturnah gestalteten Gartenteichen können Libellenarten immer wieder beobachtet werden.

Zu den besonders gefährdeten Lebensräumen zählen die Moore. In den hier herrschenden Bedingungen finden sich ganz spezielle Arten. Sie sind an das Vorkommen von Torfmoosen gebunden. Nur wenige Arten haben sich im

Plattbauchlibelle (*Libellula depressa*).

Gestreifte Quelljungfer (*Cordulegaster bidentata*).

Bereich von Fließgewässern angesiedelt. Der Plattbauch ist eine Pionierlibellenart, die sonnige und vegetationsarme Tümpel mit lehmigen oder sandigen Böden bevorzugt. Männchen und Weibchen besitzen einen breiten, abgeflachten Körper, sind aber in ihrer Färbung unterschiedlich. Der etwa sechs bis acht Millimeter breite Hinterleib verjüngt sich dem Ende zu und ist bei den Männchen hellblau gefärbt. Weibchen hingegen haben anfänglich einen gelbbraunen, später einen sich verfärbenden oliv- bis dunkelbraunen Hinterleib. Wie die meisten Libellen sind auch Plattbäuche exzellente Flieger und

erreichen bei ihren Fangflügen enorme Geschwindigkeiten. Die Beutetiere werden noch im Flug verzehrt. Auch die Paarung erfolgt während des Fluges, die Eier werden über dem Wasser abgeworfen. Die Larven schlüpfen nach etwa vier Wochen, sie ernähren sich zunächst von Wasserpflanzen. Später leben sie, teilweise schlammbedeckt, im Gewässergrund und ernähren sich von Insektenlarven, Würmern, Krebstieren und weiteren im Wassergrund lebenden Kleintieren. Nach über elf Larvenstadien ist ihre Entwicklung erst nach ein bis zwei Jahren abgeschlossen.

Die Gestreifte Quelljungfer erreicht eine Körperlänge von etwa acht Zentimetern und eine Flügelspannweite von zehn Zentimetern. Diese Libellenart bevorzugt wiederum kühle, sauerstoffreiche Bäche und Quellen. Von Moospolstern überwachsene, kleine, leicht durchströmte Wasserbecken sind beliebte Larvengewässer. Oft frieren solche Gewässer zu, die Larvenentwicklung kann durch die Winterruhe bis zu fünf Jahre lang dauern.

Die Gestreifte Quelljungfer ähnelt äußerlich sehr der Zweigestreiften Quelljungfer, sie ist durch eine schmale Gelbstreifung und schwarze Grundfarbe gekennzeichnet und kein ausdauernder Flieger. Zur Ernährung ergreifen die ausgewachsenen Tiere kleine Insekten. Ihre Lebensdauer liegt bei etwa acht Wochen. In Mitteleuropa finden sich folgende Arten dieser Familie: die Große Quelljungfer, die Gestreifte Quelljungfer sowie die Zweigestreifte Quelljungfer.

Große Quelljungfer (*Cordulegaster heros*).

Tiere und Pflanzen zwischen Wasser und Land

Viele hochspezialisierte Tier- und Pflanzenarten finden in den unterschiedlichen Moorlandschaften oder sonstigen Feuchtbiotopen ihren Lebensraum. Gewisse Arten überlebten seit der Bildung der Moore Jahrtausende bis in die Gegenwart. Neben der grundsätzlich hydrologischen Unterscheidung in Hoch- und Niedermoore gibt es zahlreiche kleinräumige Moortypen, die sich untereinander verzahnen und eine Vielfalt unterschiedlicher Lebensräume für Pflanzen und Tiere bilden. Hochmoore, die nur mit nährstoffarmem Regenwasser gespeist werden, stellen an die hier lebende Pflanzenwelt besondere Anforderungen. Um die spärlichen Nährstoffe des Untergrundes während des ganzen Jahres auszunutzen, sind die Pflanzen immergrün. Eine schützende Wachsschicht auf den Pflanzenblättern verhindert außerdem eine zu starke

Verdunstung des gespeicherten Wassers in Trockenzeiten. Die Hauptbasis der Hochmoore bilden verschiedenartige Torfmoose in grünlichen, roten oder gelben Farbtönen.

Torfmoose bestehen aus großen, schaumartigen Polstern, die sogenannte Wasserzellen besitzen. Nicht weniger als das 15- bis 30-fache ihres Trockengewichtes können die Pflanzen an Wasser aufnehmen. Die sonderbar im Sonnenlicht glitzernden Feuchtgewächse sind wurzellos und entziehen dem Regenwasser den Großteil ihrer zum Überleben notwendigen Nährstoffe. Neben den Torfmoosarten tragen auch die mit faserigen Blättern versehenen Wollgräser zur Torfbildung bei. Mit watteähnlich aussehenden Büscheln auf langen weißen Hüllfäden treten sie in den Moorgebieten auffällig in Erscheinung. In wiedervernässten Mooren zählen Wollgräser, besonders entlang der Ränder zu offenen Wasserflächen, zu den ersten Pionierpflanzen. Nur kälteresistente Pflanzen und Tiere widerstehen dem Extremklima der rauen Bergwelt.

Wollgräserarten wachsen als krautige Pflanzen mit dem typischen weißen bis orangefarbenen Wollschopf vor allem in Hochmooren und Feuchtwiesen.

Durch die Vernichtung von Moorgebieten ist der Hochmoor-Gelbling (*Colias palaeno*) sehr selten geworden.

Zu den Relikten der Eiszeit zählen auch seltene Schmetterlingsarten wie etwa der Hochmoor-Gelbling. Auch das Wollgras oder der Fleischfressende Sonnentau stammen aus dieser Zeit. Der gelblich gefärbte Hochmoorschmetterling ist besonders auf die spezifische Moorvegetation oder auf sonstige Feuchtgebiete angewiesen. Die Raupe des selten gewordenen Schmetterlings lebt an der Rauschbeere, die vorwiegend in Waldmooren und Hochmooren mit feuchtem, torfhaltigem Boden gedeiht. Ohne diese Lebensräume, die immer seltener werden, ist der einzigartige Schmetterling vom Aussterben bedroht.

In den Hohen Tauern oder im Steirischen Ennstal ist der bunte Moorbewohner noch am ehesten anzutreffen. Viele weitere Arten der Pflanzen- und Tierwelt sind auf Moorlandschaften angewiesen, nur hier sind sie gegenüber konkurrenzstarken Arten lebensfähig.

Ein Großteil der Moore Mitteleuropas wurde durch Menschenhand zerstört. Die Schaffung landwirtschaftlicher Nutzfläche und der Abbau des Torfes als Brennmaterial und Kultursubstrat standen dabei im Vordergrund. Mittlerweile hat man die immense Bedeutung der Moore erkannt

Rauschbeere (*Vaccinium uliginosum*), auch als Moorbeere oder Nebelbeere bekannt.

und Flächen teilweise unter Schutz gestellt. Auch gestörte Moore werden wieder renaturiert. Breite Öffentlichkeitsarbeit verschiedener Organisationen trägt wesentlich dazu bei, die faszinierende Lebewelt der Moore zu schützen und für die Nachwelt zu erhalten.

Gewässerformen wie Wassermulden, Tümpel, Weiher, Seen, Feuchtbiotope und Gebirgsbäche bilden Lebensbereiche für seltene Pflanzen und Kleintiere. Besondere Tierarten benötigen zum Überleben und für die Fortpflanzung sowohl Wasser als auch Land. Bergmolche kommen in mehreren Unterarten in vielen Gebieten Europas vor. Die Landlebensräume befinden sich zumeist in Gewässernähe an schattigen Plätzen unter Steinplatten, Totholz und in Erdspalten. Der Berg- oder Alpenmolch ist eine Schwanzlurchart mit besonderer Farbenpracht. Auffällig erscheinen beide Geschlechter besonders in der Wassertracht mit ihrer leuchtend orangen bis zinnoberroten Bauchseite. Die Jahresaktivität der Molche hängt von der geografischen Breite sowie der Höhenlage der Vorkommen ab. Die Tiere leben in Höhen bis zu 2 500 Metern. Gleich nach Ende der Winterstarre verlassen Molche ihre Winterquartiere und ziehen von Februar bis März zu Wassertümpeln und Kleingewässern. Nach der Balz- und Paarungszeit legen die Weibchen ihre Eier einzeln an die Blätter von Unterwasserpflanzen. Pro Saison können die Weibchen einige hundert Eier erzeugen. Die Embryoentwicklung hängt von der herrschenden Wassertemperatur ab und schwankt zwischen zwei und vier Wochen. Nach weiteren drei Monaten ist die Metamorphose abgeschlossen. Die lungen- und hautatmenden Jungtiere ziehen in geeignete, kühle und feuchte Verstecke an Land. In Landtracht zeigen sich die Tiere nicht so farbenprächtig wie in der Balz- und Laichzeit. Die fast schwarz

und dunkel aussehenden Molche verlieren auch ihre besonders auffällig orange Färbung. Bergmolche sind während des Landaufenthaltes nachtaktiv und begeben sich auf Nahrungssuche nach Käfern, Würmern und diversen Kleintieren. Durch die Zerstörung ihrer natürlichen Lebensräume, der Beseitigung von Klein- und Kleinstgewässern, Einsatz von Pestiziden und Düngemitteln in Laichgewässernähe und weiteren nachteiligen Ursachen sind die Tiere besonders gefährdet. Eine weitere Gefahrenquelle für Bergmolche sowie auch andere Amphibien bringt der Straßenverkehr. Bei ihren saisonalen Wanderungen vom Winterquartier zum Laichgewässer sind Verluste vorprogrammiert. Schutz- und Förderungsmaßnahmen für den Bergmolch dienen auch anderen Amphibienarten wie dem Grasfrosch, dem Fadenmolch oder dem Feuersalamander.

Zu den außergewöhnlichsten Kleintierwesen in der Gebirgswelt zählt der bis in Höhen von 2 500 Metern vorkommende Alpensalamander. Im ostalpinen Raum ist das Tier auch als Bergmandl oder Wegmandl bekannt. Um in den wasserarmen Lebensbedingungen im Hochgebirge zu existieren, hat der Alpensalamander als einziger Lurch in Mitteleuropa eine besondere Fortpflanzungs- und Entwicklungsstrategie ausgebildet und benötigt dazu kein Oberflächengewässer. Während die meisten anderen Amphibien ihre Eier (Laich) in Gewässern ablegen und die weitere Entwicklung über Larvenstadien erfolgt, bringen Alpensalamander ein bis

Berg- oder Alpenmolch
(*Ichthyosaura alpestris*).

Alpensalamander (*Salamandra atra*).

zwei voll entwickelte, lungenatmende Jungtiere zur Welt. Alpensalamander vertragen jedoch keine Austrocknung, sie meiden Standorte mit hohen Temperaturen. Bei Luftfeuchtigkeit unter 70 Prozent sind die Tiere selten zu beobachten. Bevorzugte Lebensräume sind feuchte Laub- und Bergmischwälder in der Nähe von Gebirgsbächen sowie vernässte Almböden. Auch der Feuchtbereich von Wasserfällen oder Schluchten bieten gute Lebensbedingungen. Alpensalamander sind vorwiegend nachtaktiv und ernähren sich von verschiedensten Insekten und anderen Kleinlebewesen. Je nach Höhenlage zeigen sich die einzigartigen Schwanzlurche von April bis Oktober, während sie die Wintermonate in unterirdischen Verstecken in Winterstarre verbringen.

Trotz der geringen Fortpflanzungsrate ist der Fortbestand der Alpensalamander relativ gesichert, die erwachsenen Tiere sind durch giftige Hautsekrete vor natürlichen Fressfeinden geschützt. Die Zerstörung der natürlichen Lebensräume führt hingegen zu einer Bedrohung der außergewöhnlichen Lurchart.

Der Feuersalamander ist eine weitere Amphibienart, die in Österreich auch als „Regenmandl", „Erdmandl" oder „Gelber Schneider" bekannt ist. Feuchtkühle, von Quellbächen durchzogene Laub- und Mischwälder sind die Lebewelt dieses Tieres. Meist hält sich der Feuersalamander gut versteckt in Totholzteilen, Stein- oder Laubanhäufungen oder in Erdlöchern auf, die er meist nur bei Regen und Temperaturen über

Feuersalamander (*Salamandra salamandra*).

8 °C verlässt. Im Spätherbst wandern die Feuersalamander in frostfreie Stellen wie Höhlen, Erdlöcher, alte Stollen und verlassene Gebäudekeller, hier begeben sie sich in Winterstarre. Bei steigenden Temperaturen und entsprechenden Niederschlagsmengen von Februar bis März erwachen die Amphibien wieder aus ihrer Winterruhe und werden entsprechend aktiv. Die Paarungszeit, in der sich Männchen und Weibchen umklammern, vollzieht sich von März bis September, erreicht aber ihren Höhepunkt im Juni und Juli. Nach der eigenwilligen Befruchtungszeremonie findet im Mutterleib die Embryonalentwicklung statt. Das Weibchen setzt sodann durchschnittlich dreißig mit Kiemen ausgestattete Larven im Wasser ab. Feuersalamander sind die einzigen Schwanzlurche, die Larven absetzen. Nach vollzogener Larvenentwicklung mit einer Dauer von rund 2–5 Monaten übersiedeln die etwa 5–7 Zentimeter langen Jungtiere vom Wasser ans Land.

Damit die Larven ihre Entwicklung gut beenden können, muss das Gewässer während des ganzen Jahres fließen. Der Gefleckte Feuersalamander mit breitem, flachem Kopf, kurzen Gliedmaßen und rundlichem Schwanz wird bis zu 18 Zentimeter lang und ist durch die schwarz-gelb gefleckte Rückenzeichnung gut erkennbar. Als Nahrung dienen Fliegenlarven, Asseln und Würmer. Um eine vitale Population des Feuersalamanders zu erhalten, ist der gesicherte Bestand von naturnahen Laub- und Mischwäldern mit einem Totholzanteil sowie fließenden, kühlen Bächen und Bacheinzugsgebieten erforderlich. Die in gewissen Regionen rückläufigen Bestände beim einheimischen Feuersalamander sind besonders auf die Zerstörung, Verschmutzung und Zerschneidung seiner Lebensräume zurückzuführen.

Grasfrösche werden unmittelbar mit dem Wasser in Verbindung gebracht, obwohl sie gleich nach der Eiablage in Tümpeln, Teichen, Weihern oder sonstigen von der Sonne beschienenen Stillgewässern wieder zu ihren Versteckplätzen an Land ziehen. Nach dem Erwachen aus der Winterstarre begeben sich die Frösche oft in großer Zahl zu ihren Laichgewässern. Die Männchen erzeugen über Schallblasen knurrige Paarungsrufe und machen durch das eigenartige Quaken auf sich aufmerksam. Bei der Fortpflanzung umklammern die Männchen mit ihren kräftig ausgebildeten Vorderbeinen mitunter tagelang die Weibchen am Rücken. Gleich nach der Eiablage begeben sich die 7–9 Zentimeter großen Tiere, mit unterschiedlicher gelb-, rot- oder dunkelbrauner Färbung an der Oberseite, zu ihren Landleberäumen. Die vom Weibchen in geeignete Stillgewässer abgelegten Laichklumpen weisen meist zwischen 1 000 und 4 000 Eier auf. Je nach den äußeren Bedingungen dauert die Entwicklung der Froschlarven 2,5–3 Monate. Die Jungfrösche verlassen meist bis Ende des Sommers die Gewässer. In höheren Gebirgslagen verzögert sich durch den Einfluss

des Klimas die Entwicklungsstufe und manche Larven überwintern. Die nachtaktiven Frösche ernähren sich durch verschiedenste Insekten, Würmer, Spinnen oder Schnecken. Grasfrösche sind wiederum eine begehrte Beute für Störche, Greifvogelarten, Wildschweine, Füchse, Dachse und Ringelnattern. Durch die Trockenlegung von Tümpeln und anderen Kleingewässern wurde Fröschen in der Vergangenheit vielfach der natürliche Lebensraum entzogen. Auch bei den Wanderungen an Land und zu den notwendigen Laichgewässern werden Frösche wie auch andere

Grasfrosch (*Rana temporaria*).

Alpenaurikel (*Primula auricula*).   Sumpfdotterblume (*Caltha palustris*).

Amphibien immer wieder Opfer des Straßenverkehrs.

Seerosen bevorzugen als Lebensraum stehende oder träge fließende Gewässer mit Schlammboden. Die Pflanzen können Gewässerbereiche mit einer Wassertiefe bis zu drei Meter besiedeln. Die Weiße Seerose ist die einzige im Bundesland Salzburg heimische Seerosenart. Rötlich gefärbte Zuchtrosen sind in Garten- und Parkteichen beliebt.

Die Sumpfdotterblume mit ihren glänzenden, gelbschimmernden Blüten bevorzugt feuchte, sumpfige Standorte und ist in Sumpfwiesen, Quellgebieten

und bei Wasserläufen häufig anzutreffen. Die Pflanzen wachsen auch im Wasser mit einem tiefen Wurzelsystem. Die Blüten erscheinen schon ab März und sind durch die fünf Perigonblätter und die zahlreichen Staubblätter gekennzeichnet.

Die Rote Pestwurz bevorzugt feuchte Wiesen und Uferböschungen. Im Gebirge ist die Pflanze bis in 1 500 Meter Höhe anzutreffen. Im Vorfrühling erscheinen zunächst die Blüten und erst später gedeihen die riesigen Blätter. Die Pestwurz wurde im Mittelalter als Heilpflanze gegen die Pest verwendet.

Rote Pestwurz (*Petasites hybridus*).

Wasserknöterich (*Persicaria amphibia*).

Der Fieberklee ist als Wasserpflanze ein Wasserwurzler oder eine Sumpfpflanze. Typische Standorte sind Quellsümpfe von Flüssen, Zwischenmoore und Hochmoore.

Als amphibische Pflanze kann der Wasserknöterich bei entsprechender Grundfeuchtigkeit sowohl auf dem Land als auch im Wasser vorkommen. Die häufig eingeschlechtigen Blüten sind rosa gefärbt und besitzen keine Drüsen. In der Landform blüht die Pflanze selten und wird etwa 30 bis 100 cm groß.

Durch die Zerstörung von Feuchtwiesen und Moorlandschaften sind viele Pflanzenarten verschwunden und aufgrund ihrer Seltenheit potenziell gefährdet. Auch durch Intensivierung der Landwirtschaft (z. B. Düngung, Entwässerung und Bewirtschaftung) werden die Lebensräume etwa von Moor-Glanzstängel, Drachenwurz, Froschbiss, Kleiner Teichrose und vielen weiteren feuchtigkeitsliebenden Pflanzen zerstört.

Die alpine Tierwelt in Eis und Schnee

Tierarten finden ihren bevorzugten Lebensraum und ihre Lebensansprüche in unterschiedlichsten Landschaftsstrukturen, die von Wäldern über Wiesen, Trockengebiete, Tümpel, Seen und Moore bis hin zur schneebedeckten Gebirgswelt und in die Eisregionen reichen. Je vielfältiger sich die Natur präsentiert, desto verschiedenartiger ist ihre Lebewelt. Auch in tiefverschneiten Bergregionen und im ewigen Eis leben besondere Tierarten. Durch menschliche Eingriffe in die Natur sowie den damit verbundenen Massentourismus werden die angeborenen Lebensräume in vielen Teilen der Alpen empfindlich gestört. Skitourengeher und Skifahrer zieht es immer mehr in unberührte Pulver- und Firnschneehänge. Tierarten der betroffenen Gebiete gehen deshalb in ihren Beständen empfindlich zurück oder sind gar nicht mehr anzutreffen.

Alpenschneehühner (*Lagopus muta*) sind in Mitteleuropa ein Relikt der Eiszeit und vertragen extreme Lebensbedingungen.

Alpenschneehühner sind in Mitteleuropa ein Relikt der Eiszeit und vertragen grimmige Kälte und harsche Lebensbedingungen hervorragend. Sie folgen ihrer angestammten Überlebensstrategie. Auf der Suche nach Nahrung und zum Schutz vor extremer Kälte mulden sich die Tiere im Neuschnee ein, bis der Schnee über den Kopf ragt. In schneearmen, nasskalten Wintern werden die Schneehühner krankheitsanfälliger, ohne Schneehöhlen sind sie ungeschützt. Windige Nächte verbringen die Vögel auch auf Felsklippen und Graten. Schneehühner überwintern in kleinen Trupps von vier bis zehn Tieren. Nach dem Auflösen der Wintergemeinschaft suchen sich die Hennen einen Hahn, mit dem sie sich verpaaren und während der Brutzeit zusammenbleiben. Das spektakuläre Balzritual erfolgt je nach Region von Mitte April bis Ende Juni. Dabei treten beim Hahn über den Augen tiefrote „Balzrosen" hervor, das sind warzige Hautwulste, die während der Balz anschwellen. In drei Wochen brüten die Hennen 5–9 Eier aus. Hier benötigen die Tiere ihre Ruhe,

Skitourengeher stören das Brutge-
schehen und können einen Misserfolg
der Brut nach sich ziehen. Durch das
schneeweiße Winterkleid sind Schneehühner in der winterlichen Jahreszeit optisch schwer auszumachen. Im
Frühjahr und im Herbst, zur Zeit des
Federwechsels, sehen Schneehühner
recht scheckig aus und verschmelzen
mit der schneefreien Umgebung. Der
Hahn unterscheidet sich in all seinen
Jahreskleidern von der sonst gleichfär-
bigen Henne durch einen schwarzen
Streifen, der vom Schnabel bis hinter die Augen reicht. Bei ansteigenden
Temperaturen im Sommer und Herbst
ziehen sich Schneehühner in Hochregionen zurück. In störungsfreien Hängen und Geröllhalden mit teilweiser
Zwergstrauchvegetation bilden sich
meist größere Gruppen. Schneehühner bleiben vorwiegend am Boden und
ernähren sich von Beeren, Trieben sowie Knospen. In der Unterfamilie der
Raufußhühner ist das Alpenschnee-
huhn eine der am weitesten verbreiteten Gattungen. Laut Expertenmeinung
wird sich der Lebensraum der Schneehühner aufgrund der Klimaerwärmung immer mehr in Richtung der Ge-
birgsgipfel verlagern.

In Nordeuropa ist auch das dem Al-
penschneehuhn sehr ähnlich sehende
Moorschneehuhn heimisch. Bis in das
17. Jahrhundert war diese Raufußhüh-
nerart auch als Brut- und Standortvogel
in Mitteleuropa vertreten.

Gleich dem Schneehuhn lebt in der
Berglandschaft auch das Birkwild.

Der bevorzugte Lebensraum findet sich
im Bereich der Wald- und Baumgrenze
und in der Krummholzzone mit reichlicher Zwergstrauchvegetation wie Hei-
delbeere, Preiselbeere und Almrausch.
Hier leben die Vögel während der
Wintermonate meist getrennt in Hah-
nen- und Hennenverbänden. Um in
der grimmigen Kälte des Gebirgswin-
ters zu bestehen, schützen sich die Tiere durch selbstgegrabene Schneehöhlen, in denen sie auch schlafen. In der

Birkhähne (*Lyrurus tetrix*) beim Balzkampf.

Geborgenheit der Schneedecke ist der Wärmeverlust bedeutend geringer. In den Schneelöchern wird auch Kot abgesetzt, deshalb werden sie nur einmal benützt. Die Lebensbedingungen sind in den Wintermonaten hart, als Nahrung verbleiben vorwiegend Triebe von Birken oder Erlen sowie Nadeln der herumliegenden Hölzer. Das Birkwild besitzt wie auch andere Raufußhühner seitlich an den Füßen breitförmige „Federn". Mit den sogenannten Balzstiften

wird, gleich Schneeschuhen, das Bewegen im Schnee erleichtert. Je nach Region und Höhenlage findet die turbulente Balzzeit von Mitte März bis Anfang Juni statt. Die Gemeinschaftsbalz der Hähne ist ein besonderes Naturschauspiel und erfolgt meist an Hängen und Böden, wo der Schnee länger liegen bleibt. Bereits aus großer Entfernung hört man das Kullern und Zischen der Hähne, die um die Vorherrschaft der Balzplätze kämpfen. Im Glanz des blauschwarzen

Der Schneefink (*Montifringilla nivalis*) lebt in einsamen Höhen zwischen 1900 und 3100 Metern.

Gefieders und der rundförmig aufgestellten Schwanzfedern zeigen sich die Rivalisierenden in höchster Erregung. Die äußeren sichelförmig gekrümmten Außenfedern sind dabei nach unten gebogen. Birkhennen fallen am Rand des Balzplatzes ein und bevorzugen meist die dominierenden, älteren Hähne, die zur Balzzeit karminrote, warzige Rosen über den Augen zeigen. Die Hennen sind im Gegensatz zum Hahn bräunlich bis schwarz und weiß gestreift, in der Natur entsprechend gut getarnt. Das Nest befindet sich versteckt zwischen Zwergsträuchern. Aus 7–10 Eiern schlüpfen nach vierwöchiger Brutzeit die Jungküken. Während der warmen

Jahreszeit ist für das Birkwild der Gabentisch mit Blättern, Knospen und Beerenfrüchten reich gedeckt. Als Besonderheit in der Naturwelt höherer Lagen gilt das Rackelwild. Männliche Raufußhühner können, so etwa bei einem Mangel an arteneigenen Hennen, die sich sehr ähnlich verhaltenden Hennen anderer Art nicht unterscheiden. So kommt es auch zu Paarungen von Birkhahn und Auerhenne. Die lebensfähigen, selbst aber nicht zur Vermehrung fähigen Tiere bezeichnet man als Rackelhühner.

Aus der Familie der Sperlinge lebt in einsamen Höhen zwischen 1900 und

3100 Metern der Schneefink, auch unter dem Namen Schneesperling bekannt. Im Aussehen ist der Schneefink etwas größer als der herkömmliche Spatz. Das Männchen zeigt am Kopf und Rücken gräuliches, am Bauch weiß bis gräulich-weißes Gefieder. Das Weibchen hingegen hat eine bräunlich-weiße Unterseite. Die Paarungszeit und Brutsaison findet in den Monaten Mai bis Juni statt. In Felsnischen und Höhlen errichtet das Weibchen das Nest. Die darin befindliche Brutmulde wird vorsorglich mit weichen, wärmenden Federn des Schneehuhns ausgepolstert. Zwei Wochen brütet das Weibchen über ihren Eiern und drei Wochen nach dem Schlüpfen verlassen die Jungen das Nest. Das Männchen bringt die notwendige Nahrung für die Jungvögel. Auch in der schneetreibenden, eiskalten Winterzeit bleibt der Schneefink in der unwirtlichen Region des Hochgebirges. Um Kräfte zu sparen, verzichtet der Vogel in dieser Zeit auf seinen trillernden, zwitschernden Gesang und singt nur leise.

Gleich den Raufußhühnern und weiteren Tierarten leben vom oberen Waldgürtel bis in höchste Regionen auch Schneehasen. Aufgrund ihrer jahreszeitlich hervorragend angepassten Deckfärbung und der verborgenen Lebensweise bekommt man Schneehasen nur selten zu Gesicht. Zur Winterzeit präsentieren sich die Bewohner der Hochregion in reinweißer Färbung, lediglich die schwarzen Löffelspitzen (Ohrenspitzen) sind merklich auffällig. Während des Sommers verwandeln sie ihr Aussehen

in eine bräunliche bis blaugraue Tarnfarbe. Zum Schutz gegen Eiseskälte und böigen Schneesturm in der winterlichen Bergwelt werden eigens gegrabene Löcher in der dichten Schneedecke genutzt. Durch seine spreizbaren mit langen Borsten versehenen „Springer" (Hinterpfoten) ist die Fortbewegung, ähnlich Schneetellern, besser möglich. Während der Vegetationszeit sorgen Kräuter der Hochregion für beste Nahrung, im strengen Winter dienen Kleinsträucher, Moose, Flechten und Wurzeln zum Überleben. Durch den Klimawandel und den damit verbundenen Schneemangel sind die winterweißen Hasen für natürliche Beutegreifer

Schneehasen (*Lepus timidus*) präsentieren sich zur Winterzeit in reinweißer Färbung, lediglich die Löffelspitzen sind schwarz.

Schneemaus (*Chionomys nivalis*).

Gletscherflöhe (*Desoria saltans*, stark vergrößerte Abbildung).

besser sichtbar. Fuchs, Marder, Habicht und Adler sind nur einige der natürlichen Feinde des Schneehasen.

Man mag es kaum fassen, aber es gibt ein Kleinsäugetier, das sogar den unwirtlichen Höhenlagen bis zu 4 000 Metern trotzt. Die Schneemaus, der Unterfamilie der Wühlmäuse zugehörig, ist ein Höhenpionier ersten Ranges. Wie unter den großen Säugern die Gams, ist unter den kleinen die Schneemaus das Charaktertier der Alpen. Die relativ große, langschwänzige Maus wiegt bis zu 60 Gramm und hat ein dichtes, weiches Fell mit langer bräunlich-grauer bis grauweißer Behaarung. Fußoberseiten, Ohren und Schwanz des Tieres sind weiß behaart. Auffallend auch die langen Schnurrhaare, die für Felsspaltenbewohner typisch sind. In Latschen- und Alpenrosenregionen, Geröllfeldern

und Felsspalten leben die Kleinsäuger meist in kleinen Kolonien. Die Mäuse halten keinen Winterschlaf, sind tag- und nachtaktiv und können gut springen, klettern und sogar schwimmen. Ein weitverzweigtes, unterirdisches Gängenetz mit wärmendem Wohnteil und Vorratskammern schützt vor Wetterkapriolen und natürlichen Feinden wie Greifvogel oder Hermelin. Wie alle ihre Verwandten ist die Schneemaus fast ausschließlich ein Pflanzenfresser und bedient sich im Sommer der ganzen Herrlichkeit der Alpenflora. Vorräte für die extrem kalte Jahreszeit lassen die cleveren Tiere vor der Einlagerung von der Sonne trocknen. So bleibt die Nahrung länger haltbar. Bei erforderlicher Futtersuche im Winter, wenn der Vorrat zur Neige geht, wühlen sich die Mäuse durch die dicke Schneedecke und suchen im Freien nach zusätzlichem

Futter. Bei plötzlicher Schneeschmelze werden die Baueingänge mit Erdwällen gegen das Schmelzwasser verbarrikadiert. Die Fortpflanzung erfolgt von Juni bis Ende September, wobei sie in 1–2 Würfen je 2–4 Jungtiere zur Welt bringen.

Kein anderes Tier kann sich ganzjährig dem extremen Gletscherleben so perfekt anpassen wie der 1,5–2,5 Millimeter große, tiefschwarze Gletscherfloh. Nur er meistert alle Herausforderungen, die tiefe Temperaturen, Windböen, enorme Schneemengen und spärliche Nahrungsangebote mit sich bringen. Gletscherflöhe zählen zur Klasse der Springschwänze. Typisch für die auf Gletscherfeldern massenhaft auftretenden Kleintiere ist ihre hüpfende Fortbewegungsart. Bei den Springschwänzen gibt es unzählige Arten, die in allen Lebensräumen anzutreffen sind. Wie Versteinerungen zeigen, lebten die Tiere schon vor Millionen von Jahren. Was Kälte betrifft, sind Gletscherflöhe wahre Überlebenskünstler mit außergewöhnlichen Eigenschaften. Durch die Produktion besonderer Substanzen, gleich einem „Frostschutzmittel", ist das Überleben in der Eiswelt möglich. Tödlich hingegen wirken auf die Tiere Temperaturen über +12 °C. Besonders wohl fühlen sich Gletscherflöhe in der sogenannten Schwimmschneezone, der lockeren Schneeschicht knapp über dem Eis. Hier herrschen ideale Temperaturen von –3 bis 5 °C, zudem kommt es zu erwünschten Wasseransammlungen. In der Grenzschicht zwischen dem Gletschereis und der sich darauf bildenden Schneedecke sammelt sich auch das Gemisch von diversen Pflanzenresten, Blütenpollen und Umweltstaub. Dies ist eine willkommene Nahrung für Gletscherflöhe. Noch eine weitere Besonderheit zeichnet die Tiere aus. Bei bedrohlicher Schmelzwasseransammlung in ihrer Behausung bildet sich eine Luftblase um den Körper, die eine Atmung über eine gewisse Zeitdauer unter Wasser möglich macht. Zudem wird die Luftblase an die rettende Wasseroberfläche getrieben. Obwohl die Tierchen an der Gletscherfläche gut sichtbar sind, droht in der extremen Lage von Fressfeinden wenig Gefahr.

Das Männchen des Zitronenfalters kennzeichnet eine intensiv zitronengelbe Färbung, während die Weibchen eine grünlich-weiße Färbung aufweisen. Der aus der Familie der Weißlinge stammende Falter ist je nach Temperatur bis in alpine Höhenlagen von 2 800 Metern anzutreffen. Von den in Mitteleuropa heimischen Arten erreicht der Zitronenfalter mit einer Lebensdauer von rund 12 Monaten das höchste Alter. Eine weitere Eigenschaft zeichnet den Bewohner feuchter als auch trockener Gebiete aus. Mit Hilfe von Glycerin, Sorbit und Eiweiß senken die Tiere den Gefrierpunkt ihrer Körperflüssigkeit und können dadurch Temperaturen bis zu –20 °C unbeschadet überstehen. Als einzige Schmetterlingsart in Mitteleuropa überwintern sie ohne besonderen Schutz im Bodenlaub oder auf Zweigen von Sträuchern. Während der Wintermonate harren die Falter trotz zeitweiliger Schneebedeckung an ihrem

Zitronenfalter (*Gonepteryx rhamni*).

Standplatz aus. Schon zeitig im Frühjahr bei zunehmender Wärme wird der Zitronenfalter wieder aktiv. Im April legen die Weibchen an den Knospen der Futterpflanzen ihre Eier ab. Die perfekt getarnten Raupen bleiben auf der Mittelrippe der Blattoberseite und ernähren sich von den Blättern strauchartiger Kreuzdorngewächse.

Das Alpenmurmeltier, auch unter dem Namen Mankei, Murmentl, Murmel und Mißbellerl bekannt, ist ein Überlebenskünstler im winterlichen Hochgebirge. Murmeltiere leben in großen Verbänden und bevorzugen sonnige Geröllhalden und Bergmatten als engeren Lebensraum. Die unterirdischen Sommer- und Winterbaue befinden

sich meist in unterschiedlicher Höhenlage. Die Sinne der Baubewohner sind alle hochentwickelt, das Murmel äugt, vernimmt und wittert hervorragend. Bei der geringsten Störung stößt es einen schrillen Pfiff aus und verschwindet schleunigst im schützenden Röhrensystem. Um die frostigen, nährstoffarmen Wintermonate unbeschadet zu überstehen, bedienen sich die Höhlenbewohner einer angeborenen Strategie. Schon im Spätsommer und Herbst sorgen die Tiere mit würzigen Gebirgskräutern für den notwendigen Wintervorrat. Zum Schutz vor eisiger Kälte werden die Röhreneingänge mit einem Heu-Erd-Gemisch gründlich abgedichtet. Hier halten die Murmeltiere einen richtigen Winterschlaf, bei dem die während der Sommermonate angesetzten Fettpolster restlos abgebaut werden. Zudem wird die Körpertemperatur auf wenige Grad über Null abgesenkt und die Atemtätigkeit stark minimiert. Die plump wirkenden, aber sehr lebhaften Alpenmurmeltiere mit einer Körperlänge von rund 50 Zentimetern und einem Durchschnittsgewicht von 3–4 Kilogramm überstehen auf diese Weise die stärksten Winter. Sonach fällt die „Bärzeit" in den Mai bis Juni. Nach einer Tragzeit von rund 5 Wochen setzt das Weibchen (Katze), 2–6 Junge (Affen) im Kessel des Sommerbaus. Männchen (Bären) gesellen sich im Zuge der Paarungszeit auch zu fremden Sippen. Das Murmeltier erreicht ein Lebensalter von 10–12 Jahren.

Als Charaktertiere der Alpenwelt gelten die horntragenden Gämsen. Der

Murmeltiere (*Marmota marmota*) in den Hohen Tauern.

angestammte Lebensraum sind felsige Waldgebiete. Die ausgezeichneten Kletterer bevorzugen höhere Bergregionen bis hin zu auslaufenden Gletscherzungen. Durch den starken Körperbau mit grobknochigen Läufen und einer massiven Lunge sind die Tiere zu gewaltigen Leistungen fähig. Die besondere Ausformung der Hufschalen ermöglicht den Gämsen das Erklimmen steilster Felswände. Die harten Schalenränder und die elastische Sohle sorgen für festen Halt. In den strengen Gebirgswintern ermöglicht die scharfe Schalenkante sogar einen sicheren Tritt auf glatten, vereisten Hängen. Die Felskletterer sind mit einer weiteren Besonderheit ausgestattet. Hinter den Hufen befinden sich zwei zurückgebildete Zehen. Diese sogenannten Afterklauen setzt das Tier gekonnt beim Abwärtsgehen als eine Art Bremse ein. Im steilen Gelände bei Schnee oder auf der Flucht werden die Hufschalen stark gespreizt. Die Gämse ist ein Tagwild und ruht während der Nacht. Früh morgens und abends werden die Futterplätze bezogen. Als Äsung dienen die würzigen und sehr nahrhaften Alpengräser. In den strengen Wintermonaten begnügt sich die

alpine Wildart mit Moosen, Flechten, Dürrgräsern, Wurzeln sowie Laub- und Nadelholzzweigen.

Auch auf steilen Graten und Hängen, wo der Sturmwind oder Lawinenabgänge apere Stellen schaffen, finden Gämsen willkommene Winternahrung. Das Gamswild brunftet von November bis Anfang Dezember. Die alten, reifen Böcke sind Einzelgänger und ziehen nun zu den brunftigen Geißen. Dabei kommt es unter den rivalisierenden Böcken in den oft schon schneebedeckten Hängen und Felsklippen zu halsbrecherischen Verdrängungskämpfen. Schwere Gamsverluste sind in früh und schneereich einsetzenden Wintern zu verzeichnen. Die von der Brunft abgemüdeten Böcke ziehen sich meist zurück in lawinengefährdete Schluchten und Rinnen, wo die Schneelage am ärgsten ist. Schwere Nachwinter führen auch zu größeren Verlusten bei Jungböcken, Geißen und Kitzen. Etwa 25–26 Wochen nach der Brunft setzt die Geiß Ende Mai bis Anfang Juni ein bis zwei, selten auch drei Kitze. Das Gamswild ist vorsichtig und fluchtgewandt. Bei Gefahr pfeifen Bock und Geiß mit einem schrillen Warnlaut, der im Gebirge weithin vernehmbar ist. Gämsen leben durchschnittlich 15 Jahre, können aber in Ausnahmen auch älter werden.

Das Hochgebirge ist auch die Lebewelt der Steinböcke. Der Körper der grandiosen Tiere ist gedrungen und muskulös

Gämse (*Rupicapra rupicapra*)
im Hochgebirge.

Alpensteinböcke (*Capra ibex*) bewegen sich flink und sicher in steilsten Felswänden. Ihre Hufe sind durch gummiartige weiche Ballen und harte Ränder ideal ausgebildet.

und trotzt extremen Witterungsverhältnissen in Fels, Schnee und Eis. Das kälteresistente Tier hat sich den Hochgebirgsverhältnissen ausgezeichnet angepasst. In Extremkälte bewegen sich Steinböcke nur mäßig im Felsgelände, um möglichst Energie zu sparen. Das Steinwild, wegen der fahlen (gelblichgrauen) Färbung auch Fahlwild genannt, bewohnte bis in das frühe Mittelalter zahlreiche Hochregionen der West- und Zentralalpen. Wie aus erhaltenen Höhlenmalereien bekannt ist, hat der Steinbock schon in der Urzeit als magisches Wesen die Fantasie der Menschen beflügelt. Auch in vielen Märchen und Mythen sowie als Tierkreiszeichen tritt er immer wieder in Erscheinung.

Sein majestätisches Äußeres mit dem bis zu 90 cm langen Gehörn, seine Urkraft, der Mut und die Wachsamkeit brachten dem in Hochregionen zwischen 2 000 und 3 500 Metern lebenden Wild schon in frühester Zeit höchste Wertschätzung. Im Volksglauben und der Volksmedizin war man einst von der magischen Schutz- und Heilwirkung aller Körperteile des Steinbocks überzeugt. Es gab kaum ein menschliches Gebrechen, das nicht mit Steinbockarznei behandelt wurde. Wegen der ausufernden Jagden, aber auch der immer stärker um sich greifenden Wilderei waren zum Ende des Mittelalters die Bestände des Alpensteinbocks stark rückläufig. Es mag heute unglaubwürdig klingen, aber noch Mitte des 18. Jahrhunderts wurde in einem Lexikon die heilkräftige Wirkung des Steinbocks wie folgt gepriesen: „Ja alles, was der Steinbock an sich hat, ist sehr kostbar und vortrefflich in unterschiedenen andern Krankheiten, ja so gar sein Koth, wenn ein Oel daraus gemacht wird, wird zur Medicin; denn dieses Thier sucht seine Nahrung auf den höchsten Bergen, allwo köstliche Kräuter wachsen..." Die ältesten Steinwild-Kolonien in Österreich existieren in den Wildalpen in der Steiermark und im Blühnbachtal im Land Salzburg. Heute gibt es in mehreren Regionen bestentwickelte Kolonien.

Vom Flachland bis hinauf zur sommerlichen Schneegrenze findet das Hermelin (Große Wiesel) seinen Lebensraum. Flink und geschmeidig bewegt sich das 25–30 Zentimeter große Tier zwischen Steinen und Gebüsch. Mit rötlichbrauner Oberseite und unterseits weißlich, ist das Hermelin im Gelände gut getarnt. Im November wechselt es das Haarkleid in eine dem Winter angepasste Färbung. Das Hermelin ist abgesehen von der schwarzen Schwanzspitze im Winterkleid weiß. Die Umfärbung ins Sommerkleid erfolgt wieder ab Anfang März. Während des Haarwechsels sind die Tiere unterschiedlich gefleckt. Hermeline sind dämmerungs- und nachtaktiv, können aber auch tagsüber angetroffen werden. Als Beutetiere dienen Wühlmäuse, Hamster und Feldmäuse, aber auch Ratten. Die erbeuteten Tiere werden meist durch einen Nackenbiss getötet. Starke Rüden (Männchen) reißen sogar Kaninchen und

halbwüchsige Hasen. Gelege von Bodenbrütern werden ebenfalls geplündert. In einem vom Weibchen (Fähe) errichteten Nest werden 3–7 Jungtiere geboren. Die zunächst weißen Jungen verfärben sich im Verlauf der ersten Lebenswoche rotbraun und öffnen erst nach sechs Wochen die Seher. In gemeinsamen Streifzügen verbleiben die Jungtiere bis in den Spätherbst bei der Fähe.

Abgesehen von der schwarzen Rutenspitze ist das Hermelin (*Mustela erminea*) zur Winterzeit weiß und gut getarnt.

Blüten zwischen Schnee und Eis

Der Frühling in den Bergen wird zur Schneeschmelze zu einem besonderen Erlebnis. Während die höheren Berge noch im Firnschnee glänzen, hat der Lenz in den Tälern und tieferen Lagen bereits Einzug gehalten. Die frühlingshafte Pflanzenwelt zeigt sich schon bald in ihrer außergewöhnlichen Farbenpracht. Die Wirkung der hohen Lichtbestrahlung, aber auch zum Teil die niedrigen Temperaturen in den Höhen steigern die Intensität der Blütenfarben. Satte Farben, starker Duft und attraktive Blüten locken schon bald in verstärktem Maße die Insektenwelt an. Sie sorgt bei den meisten Pflanzen für eine Fremdbestäubung.

Während die Gipfelwelt noch im Bann des Winters steht, beherrschen vielerorts weiße bis violette Krokuswiesen das Landschaftsbild in den tiefen Lagen. In den vom Schmelzwasser durchfeuchteten Wiesen und Weiden finden diese ersten Frühlingsboten mit ihren zarten, weiß bis violett gefärbten Blüten einen

Frühlingssafran (*Crocus vernus*).

guten Nährboden. Selbst wenn sich ihr Lebensraum noch mit Schneeflecken zeigt, besitzen manche Pflanzen die Fähigkeit, mit ihren starken Pflanzenteilen das Erdreich zu durchdringen und ihre bunte Farbenpracht zu öffnen. Der Krokus, auch Frühlingssafran genannt, wächst aus einer Knolle, die sich 10–15 Zentimeter tief im Boden befindet.

Mit aller Energie durchdringen Schneeglöckchen (*Galanthus*) den schmelzenden Schnee.

Bestimmte Pflanzen wie etwa Narzissen, Tulpen und Krokusse benötigen einige Wochen der Winterkälte – dann entsteht in den im Erdreich befindlichen Zwiebeln die Vorstufe des Erblühens. Eine Art innere Uhr und komplizierte chemische Abläufe lassen die Pflanze zum richtigen Zeitpunkt erblühen. Wie aus Forschungen bekannt ist, erkennen besonders ältere Pflanzen die ideale Zeit des Erwachens aus der Winterruhe. Noch junge Pflanzen reagieren kaum oder nur gering auf Kälteeinflüsse. Schneeglöckchen zählen zu den mehrjährigen Pflanzen mit einer faszinierenden Überlebensstrategie. An feuchten, schattigen Standorten, in

Auen und Laubwäldern zeigen sich die glockenartigen, weißen Blüten schon im Vorfrühling. Unter den zahlreichen Arten blühen einige schon im Herbst. In Mitteleuropa ist das Kleine Schneeglöckchen heimisch. Kaum steigt die Temperatur etwas an, durchdringt das Pflänzchen mit aller Energie den schmelzenden Schnee, um seine Blütenkraft zu zeigen. Aus einem bestimmten Grund senken die winterharten Amaryllisgewächse ihre Köpfchen und lassen sie bei steigenden Temperaturen wieder erheben. Schneeglöckchen sind in der Lage, sich innerhalb von 24 Stunden in einen frostharten Zustand zu versetzen. Möglich ist dieser Umstand

Gewöhnliche Kuhschelle (*Pulsatilla vulgaris*).

durch die Umstellung ihres Stoffwechsels. Die im Sommer gespeicherte Energie aus Wasser und Mineralien wird vermehrt in zuckerhaltige Substanzen umgewandelt. Dabei wird auch das Wasser aus dem stärkeren Gewebe der Pflanze abgezogen. So bildet sich im Schneeglöckchen eine Art natürliches Frostschutzmittel, das im Gegensatz zu Wasser nicht friert. Gegen unerwartete Kälteeinbrüche kann sich die Pflanze nicht schützen und ist zum Erfrieren verurteilt.

Zu den besonderen Frühlingsboten zählt auch die Kuh- oder Küchenschelle. Unter vielen weiteren Bezeichnungen und Unterarten ist die Gewöhnliche Kuhschelle in West- und Mitteleuropa beheimatet. Ihr natürlicher Lebensraum umfasst leichte Waldungen und Magerwiesen sowie sonnige Lagen auf kalkreichen Böden. Die anfangs nickende, einer Kuhglocke ähnelnde Blüte erscheint je nach Höhenlage und Witterung von März bis April. Die Kuhschelle ist eine typische Trockenpflanze. Die bis zu einem Meter ausgeprägten Pfahlwurzeln versorgen die Pflanze mit den notwendigen Nährstoffen und dem Wasserbedarf aus tiefstem Boden. Die äußerlich violetten und nach innen liegenden Blüten sind dicht mit feinen, zottigen Blütenhüllblättern umgeben. Sie bieten der Pflanze Schutz vor den Extremen des Bergwinters und vermeiden eine übermäßige Wasserverdunstung. In Kräuterbüchern des 16. Jahrhunderts wurde ausschließlich die Gewöhnliche Kuhschelle beschrieben. Durch diverse Einkreuzungen

Schneerosen (*Helleborus niger*).

sind weitere Arten und mehrere Sorten der Gewöhnlichen Kuhschelle mit weißer, rosa und roter Blütenfarbe entstanden. Alle Pflanzenteile der Gewöhnlichen Kuhschelle sind sehr giftig und enthalten ein außerordentlich heftig wirkendes Reizmittel für Haut- und Schleimhäute. Trotzdem fand die Pflanze bereits in der Antike Anwendung gegen diverse Krankheiten.

Während noch teilweise Schnee liegt, zeigen sich dazwischen Schneerosen, die auch unter den Namen Christrose oder Schwarze Nieswurz bekannt sind. Sie weisen auffallend große weiße Blüten mit einem Durchmesser von

Zwerg-Soldanelle (*Soldanella pusilla*). Alpenazelee (*Kalmia procumbens*).

5–10 Zentimetern auf. Die Hauptblütezeit hängt von der Schnee- und Höhenlage ab und erstreckt sich vom Februar bis in die Maienzeit. Auch im November können sich die Blüten der „Schneebleamerl" zeigen. Schneerosen gedeihen bis in Höhenlagen von 1900 Metern. Die kalkstete Pflanzenart kann bis in die Krummholzzone aufsteigen. Aufgrund der besonders frühen Blütezeit erhielt die Pflanze auch ihren Namen. Die Bestäubung erfolgt meist durch Bienen, Hummeln oder Falter sowie pollenfressende Insekten. Durch die frühe Blütezeit ist eine Insektenbestäubung nicht immer gesichert und die Pflanze hilft sich durch eine

Art Selbstbestäubung. Alle Pflanzenteile sind giftig, besonders jedoch der Wurzelstock.

Auch die Zwerg-Soldanelle, eine Pflanzenart aus der Gattung des Alpenglöckchens, entfaltet ihre Blütenkraft solange noch Schnee liegt. Das zierliche Glöckchen mit hell- bis dunkelvioletten und stark zerfransten Blütenköpfen bevorzugt von der Schneeschmelze stark durchtränkte Matten zum Gedeihen. Kalkarme, sehr stickstoffarme Böden, auf denen die Schneedecke lange liegt, bieten den in Gruppen blühenden Pflanzen gute Wuchsbedingungen. Einjährige Pflanzen, so etwa die Sonnenblume,

Gänseblümchen (*Bellis perennis*)
im Schnee.

Sumpfdotterblume (*Caltha palustris*) und
Seidelbast (*Daphne mezereum*).

haben keine witterungsharten Holzanteile oder Überdauerungsorgane in sich. Nach dem Erblühen und der Reifung der Samen sterben die Pflanzen ab. Der Fortbestand der Art ist durch die winterharten Samen gesichert. Löwenzahn, Disteln oder Gänseblümchen sind zweijährige Gewächse. Gegen Vegetationsende sterben die oberirdischen Pflanzenteile ab. Blüten, Früchte und Samen bilden sich erst im zweiten Jahr. Die Pflanzen sterben sonach ab, die Samen keimen im Folgejahr.

Das Gänseblümchen ist eine weit verbreitete, ausdauernde Speicherpflanze und überlebt den Winter im Schnee.

Die über weite Teile des Jahres blühende Blume ist unter vielen weiteren Namen bekannt und findet in der Volksheilkunde eine vielseitige Anwendung. Als einer der ersten Frühlingsboten blüht das Gänseblümchen zwischen Schnee und Eis.

Die Alpenazalee, auch als Gamsheide oder Felsenröschen bekannt, ist extrem widerstandsfähig gegen Winddürre und Frost. Ihre Blätter dienen im Winter als energiereiche Nahrung für Gämse, Alpensteinbock, Schneehuhn und Schneehase.

Eishöhlen

Eis tritt nicht nur an der Erdoberfläche in Erscheinung, auch im Erdinneren kommt es unter gewissen Voraussetzungen zur Bildung einer faszinierenden Eiswelt. In Eishöhlen, die im Lauf der Erdgeschichte weltweit entstanden sind, herrscht ganzjährig ein Klima unter oder nahe über dem Gefrierpunkt. Nur so ist in den formenreichen Höhlensystemen das ständige Eisvorkommen möglich.

Der Dachstein ist mit 2 995 Metern der höchste Gipfel in den Bundesländern Oberösterreich und Steiermark. In der gewaltigen Unterwelt des mächtigen Berges befindet sich die Dachstein-Rieseneishöhle. Felsen, Klüfte und verschiedenartige Tropfsteinformationen wechseln sich mit funkelnden Figuren aus Eis ab. Auch nahe der österreichischen Grenze im gemeindefreien Gebiet „Schellenberger Forst" bei Marktschellenberg im Landkreis Berchtesgadener Land in Oberbayern gibt es eine Eishöhle zu bewundern. Die Schellenberger

Eishöhle gilt als einzige Schauhöhle in Deutschland. Neben vielen weiteren Höhlensystemen zählt die Eiskogelhöhle im Tennengebirge bei Werfenweng im Salzburger Land zu den bedeutenden Naturwundern.

Eduard Richard entdeckte die imposante Höhle im Jahr 1877 bei der Durchsteigung der Eiskogel-Südwand. Der Gipfel des Eiskogels, in dessen Inneren die Höhle mit einer Länge von 4 600 Metern liegt, erreicht eine Höhe

Halle der Circe, Eiskogelhöhle.

Eisriesenwelt: Niflheim, li.: Vorderseite des Friggaschleiers, re.: Rückseite der Hymirburg.

von 2 321 Metern. Der Besuch der sich im Naturzustand befindenden Höhle ohne Beleuchtung und Weganlage ist nur für bergerfahrene Besucher mit einem Führer möglich. In der grandiosen Bergwelt gibt es noch viele weitere bekannte, aber auch weitgehend unbekannte Höhlensysteme.

Mit einem weitreichenden Höhlensystem von 42 km gilt die Eisriesenwelt bei Werfen/Tenneck im Land Salzburg als größte Eishöhle der Welt. Das beeindruckende Naturwunder im Berginneren des zerklüfteten und spaltenreichen Tennengebirges entdeckte 1879 der Salzburger Naturforscher Anton von Posselt-Czorich. Die tiefergelegenen Höhlenteile im mächtigen Kalkmassiv werden durch das Eindringen von kalter Luft im Winter stark unterkühlt. Das einsickernde Schmelzwasser gefriert und lässt seltsame Eisformationen entstehen. Das Höhleneis

mit den großartigen Eisbildungen ist bis zu 14000 Jahre alt. Zwischen dem Höhleninneren und der Außenwelt bestehen starke Temperaturunterschiede, dadurch entsteht ein Windzug. An heißen Sommertagen verstärken sich die Windbewegungen, bei Schlechtwetter tritt ein Stillstand ein. Im zerklüfteten Kalkmassiv dringt Regenwasser innerhalb weniger Stunden in das Höhlensystem. Obwohl während der warmen Sommerzeit eine geringe

Abschmelzphase eintritt, ist der winterliche und frühlingshafte Eiszuwachs stärker. Der Fortbestand des einzigartigen Eiswunders scheint auch für die Zukunft gesichert.

Trotz der herrschenden Klimaerwärmung und dem Rückgang der alpinen Gletscherwelt ist das Höhleneis seit 1920 um ein Drittel gewachsen. Verantwortlich dafür ist der sogenannte Kamineffekt. Bis zu etwa einem Kilometer

Aufwendige Schneearbeiten zur Eröffnung der Eisriesenwelt nach dem schneereichen Winter 2018/19.

vordringen. Alexander von Mörk erkundete um 1919 auch den hinteren Bereich der einzigartigen Eiswelt. Ab 1920 gab es in der Eisriesenwelt erste Führungen. In der Zwischenkriegszeit trainierten sogar Olympiateilnehmer in der Höhle den Eislauf. Mittlerweile besichtigen alljährlich rund 200000 Gäste die funkelnde Eiswelt auf einer Länge von rund einem Kilometer. Die gesamte Höhle ist wesentlich länger. Immer wieder werden neue Gänge im riesigen Labyrinth entdeckt. Auch eine Unzahl an Bärenknochen fand man im tiefen Höhlenbereich.

Der außerordentlich schneereiche Winter 2018/19 stellte auch an die Betreiber der Eisriesenwelt höchste Anforderungen. Schon Anfang März schaufelten die Mitarbeiter den Weg zum Höhleneingang frei. Der Eingangsbereich wurde in den Wintermonaten komplett zugeschneit und zugeweht. Hier musste durch die riesigen Schneemassen ein Tunnel gegraben werden. Zwei Lawinen verursachten zudem an der Zufahrtsstraße enorme Schäden. Rechtzeitig konnten die Schnee- und Aufräumarbeiten bis zur Eröffnung abgeschlossen werden.

werden im Winter die kalten Luftmassen in das Höhleninnere transportiert. Je nach den Bedingungen und der Temperatur in der Außenwelt wächst oder reduziert sich das Eis in der Höhle. Immer wieder bilden sich neue wunderbare Eisformationen. Mit einfachster Ausrüstung konnte Posselt um 1879 nur etwa 200 Meter in das Höhleninnere

Posselthalle, Eisformation „Hugin".

Die „weiße" Pracht

Wenn zu Jahresende die ersten Schnee-flocken fallen, zieht sich die herbstliche Natur in den Winterschlaf zurück. Das Hochgebirge verwandelt sich in eine magische Welt aus Schnee und Eis. Obwohl man im Winter immer wieder von der „weißen" Pracht spricht, sind Schneeflocken gleich den Wassertropfen eigentlich farblos. Ähnlich kleinen Spiegeln reflektieren sie das Sonnenlicht und lassen Schnee weiß erscheinen.

Die Flocken bilden sich in einer Kette von physikalischen Prozessen. Schnee besteht aus vielen meist verzweigten Eiskristallen. Die einzelnen Kristalle verbinden sich beim Fallen und je nach Temperatur und dem Ausmaß der Luftfeuchtigkeit entstehen die vielfältigen Formen der Flocken. Bei Temperaturen über −5 °C fallen großen Flocken, bei niedrigeren Temperaturen und geringerer Luftfeuchtigkeit verbinden sich die einzelnen Kristalle schlechter und die Flocken werden kleiner.

Schneekristalle erscheinen in einem zauberhaften Formenreichtum.

Schneekristalle erscheinen in einem zauberhaften Formenreichtum und einer unermesslichen Verschiedenheit in ihrer Zeichnung. Dem Amerikaner Wilson Bentley, unermüdlicher Fotograf und Schneeforscher, gelang im Jänner 1885 mitten in einem tobenden Schneesturm eine der ersten „photomicrographischen" Aufnahmen eines Schneekristalls. Er wollte beweisen, dass jede Schneeflocke eine Seele hat und keine der anderen gleicht. Seinen Aufzeichnungen ist zu entnehmen: „Die Schneeflocken kommen zu uns, nicht um die unbegreifliche Schönheit des Moments zu eröffnen, sondern um uns zu lehren, dass die Anmut unserer Erde ein Augenblick ist und wegdämmert wie das Abendlicht". Über Jahrzehnte fertigte der Farmer, der als scheuer, aber sympathischer Eigenbrötler galt, über 5 000 Fotoplatten von Schneekristallen. Für seine außergewöhnlich geduldige Arbeit über 40 Jahre hindurch erhielt der Laien-Forscher von der American Meteorological Society im Jahr 1924 einen symbolischen Preis. Wilson „Snowflake" Bentley, wie er scherzhaft

Reger Skibetrieb bei der Skischaukel Großarl-Dorfgastein.

genannt wurde, hatte sich beim Fotografieren eine Lungenentzündung zugezogen und verstarb 1931. Seine letzte Notiz lautet: „Kalter Nordwind am Nachmittag. Schneeflocken".

Je nach Alter und Feuchtigkeit finden sich in der Winterlandschaft unterschiedliche Schneearten, die von feinstem Pulverschnee bis hin zum Firnschnee reichen. Der globale Klimawandel beschäftigt gerade in den letzten Jahren häufig die Medien und die Öffentlichkeit. Die Tatsache, dass es auf der Erde seit Mitte des 19. Jahrhunderts

um etwa 0,8 °C wärmer geworden ist, gibt Anlass zur Sorge. Wie laufende Messungen ergaben, liegen die Temperaturen in den Alpen sogar um 1,8 °C höher als damals. Glaubt man Klimaprognosen, beträgt die Zunahme der mittleren Temperatur bis zum Jahr 2050 zwischen 2 °C im Winter und annähernd 3 °C im Herbst. In der 252-jährigen Messgeschichte der Wetterstationen in Österreich war 2019 das bis dahin wärmste Jahr. Die meteorologischen Bedingungen veränderten sich immer wieder seit Millionen von Jahren. Die Natur reagiert entsprechend darauf. Die anhaltende Erhöhung der Temperaturen bewirkt neben dem Anstieg der Schneefallgrenze auch einen Einfluss auf die Vegetation.

Eine ausreichende Schneelage in den Wintermonaten war vor nicht allzu langer Zeit besonders für verschiedenste Arbeitsvorgänge in der Land- und Forstwirtschaft notwendig. Viele Gebirgstäler sind reichlich bewaldet und liefern seit Jahrhunderten den wertvollen Rohstoff Holz für bäuerliche Liegenschaften, Handel und Gewerbe. Über einen langen Zeitraum haben sich Arbeitsabläufe und Arbeitsmethoden kaum oder nur geringfügig verändert. Die rasch fortschreitende Technisierung hat die letzten Winkel der Gebirgstäler erreicht und auch in der Forstwirtschaft einen weitreichenden Wandel bewirkt. Heute ist der Großteil der Wälder mit Forststraßen erschlossen, der Einsatz modernster Fahrzeuge, Maschinen und Geräte ist längst zur Selbstverständlichkeit geworden.

Riesige Holzmengen wurden einst mittels Holzschlitten ins Tal gebracht.

Eingelegte Holzbretter dienten zum Abtransport des Bergheus.

Auch die Arbeitsmethoden der Holzbringung aus dem Wald erfuhren eine grundlegende Änderung. Über einen langen Zeitraum wurden riesige Rundholzmengen im Winter mittels Ziehschlitten vom Wald ins Tal gebracht. Schon im Spätherbst erfolgte das „Vorrichten" der oft bis in hinterste Täler reichenden Holzziehwege. Nach Abschluss der Vorarbeiten musste auf den geeigneten und damals noch reichlich vorhandenen Schnee gewartet werden. Ohne den notwendigen Zieherschnee wäre die Bringung der riesigen Holzmengen nicht möglich gewesen.

Bei entsprechender Schneelage wurden die Ziehwege „aufgemacht" und das kräfteraubende Holzziehen konnte beginnen.

Schon vielfach in Vergessenheit geraten sind die Bergmahd und das Heuziehen zur Winterzeit. Durch seine würzigen Gräser und Kräuter ergibt das auf den hochgelegenen, oft steilen Almböden gewonnene Bergheu ein leicht verdauliches und sehr nährstoffreiches Futter. Mit schmäleren Sensen aus hartem Stahl und Steig- oder Gliedereisen am Schuhwerk wagten sich die Mahdleute in die gebirgigen Hänge. Auf lawinensicheren Stellen wurde das Heu rund um Holzstangen in „Tristen" (Haufen) aufgestapelt und bei entsprechender Schneelage zu Tal gebracht. Die Heuzieher fassten das Heu in Bündeln zusammen und zogen sie bis zum nächsten Grabeneinschnitt. Über flaches oder weniger abfallendes Gelände behalf man sich mit eingelegten Heuziehbrettern. Solche „Habrettl" sind vorne skiartig aufgebogen, etwa 1,80 Meter lang und 0,25 Meter breit. Der Weitertransport zu den Bauernhöfen erfolgte mit Handschlitten, Pferden oder Ochsengespannen. Als ärgster Feind der Heuzieher galt der böige Hochwind. Dieser verursacht Schneewechten und die Zieher

Enorme Schneemengen brachte der Winter 2018/19. Grundlehen im Ellmautal/Großarl.

fürchteten sich vor Staublawinen. So soll es vor langer Zeit üblich gewesen sein, als Abwehr einen Teil des Jausenbrotes gegen den Wind zu streuen. Durch dieses „Windfüttern" wollte man die Wind- und Wettergeister günstig stimmen und ein Lawinenunglück beim Heuziehen verhindern.

Lawinen sind die größte Gefahr im verschneiten Bergland. Immer wieder donnern mächtige Schneemassen zu Tal und zerstören Liegenschaften sowie große Waldflächen. Enorme Schäden für Mensch und Tier sind die Folge. In vielen tieferliegenden Skigebieten hat der fehlende Schnee den Touristikern in den vergangenen Jahren einiges Kopfzerbrechen bereitet. Doch die Gewalt der Natur lässt sich nicht zähmen und nur schwer berechnen. Immer schon gab es schneereiche und schneearme Winter. Ende Dezember 2018 und im Jänner 2019 zeigte der Winter sein grimmiges Gesicht. Das ganze Land versank im Schnee. Feuchte Luftmassen brachten vor allem am Alpennordrand enorme Schneemassen und damit verbunden vielerorts Gefahren und Probleme. Die sonst so ersehnte weiße Pracht wurde zur Last, aus Sicherheitsgründen kam es zu Teil- oder Totalsperren von Skigebieten. Viele Bewohner und Touristen waren von der Außenwelt abgeschnitten, Haushalte vorübergehend ohne Strom, Straßen und Bahnstrecken gesperrt. Mancherorts lag auf den Dächern bis zu drei Meter Schnee. So viel Schnee gab es in den Nordstaulagen seit 100 Jahren nicht mehr. Am Sonnblick (3 106 m) im Raurisertal wurde im

Mai 1944 mit 11,9 Metern Schnee der höchste Wert aller Zeiten gemessen. Zum Jahreswechsel 2018/19 erreichte die Schneehöhe am Loser in der Steiermark 5,2 Meter und am Hochkar in Niederösterreich beachtliche 3,5 Meter.

Im winterlichen alpinen Gelände sind in Österreich jedes Jahr rund 700 000 Menschen unterwegs. Richtige Ausrüstung, Geländekenntnisse und Beachtung des Lawinenwarndienstes können dabei Leben retten, denn besonders abseits gesicherter Pisten – im sogenannten freien Gelände – lauert die Lawinengefahr. In Österreich gibt es im Jahr etwa 25 Lawinentote. Nach ausgiebigen Schneefällen entstehen vor allem im Steilgelände die Lockerschneelawinen. Staublawinen entwickeln sich bei viel Trockenschnee aus einem Gemisch von Schnee und Luft in steiler und langer Hanglage. Diese mächtigen Lawinen erreichen eine Geschwindigkeit von bis zu 300 km/h und verursachen durch ihre Druckwelle enorme Zerstörungen. Schneebretter hingegen rutschen mit einer scharfen Anrisskante auf einer Gleitschicht ab. Skifahrer und Snowboarder werden hier am häufigsten Opfer von Lawinenunfällen. Im Frühjahr oder bei Tauwetter entstehen Nassschneelawinen. Der durchnässte Schnee rutscht oft bis zum Untergrund ab und man spricht hier auch von einer Grundlawine. Wetter- und Schneestationen liefern wichtige Daten über Lawinengefahren und informieren den Lawinenwarndienst. In der Lawinenwarnkommission sitzen geschulte Mitarbeiter, die nach bestem Wissen und

Lawinen verursachen immer wieder große Schäden in den Wäldern.

Gewissen agieren und helfen Lawinenunglücke weitgehend zu verhindern.

Das Graben von Schneeprofilen ist wichtig zur Feststellung der Schneeschichten und der damit verbundenen Gefahrensituation. Auch hier bedient man sich neuer Methoden und spezieller Verfahren. So wird etwa die Schneedichte mittels Drohnen von oben überblickt, gemessen und ermittelt. Die Einschätzung der Lawinengefahr wird durch diese technische Methode erleichtert und verbessert. Trotz enormer Schneemassen gab es im Rekordwinter 2018/19 weniger Lawinentote als

Freerider in der winterlichen Gipfelwelt.

Technische Schnee-Erzeugung dient zur Sicherung des Wintertourismus.

in den Vorjahren. Mit 20 Lawinentoten lag man österreichweit unter dem langjährigen Durchschnitt. Kurze Kälteperioden sicherten die Altschneedecke, so die Aussage bekannter Lawinenexperten. Viel Schnee ist nicht immer gleichbedeutend mit großer Lawinengefahr.

„Zwoa Brettln, a g'füriger Schnee"

Schnee ist die Grundvoraussetzung für die Ausübung des weit verbreiteten und beliebten Wintersports. Die Freude daran kommt in vielen Liedern zum Ausdruck. Der Wintertourismus hat sich in den Alpen enorm entwickelt und führt nicht zuletzt zu einem gesicherten Wohlstand. Zudem sorgt er für weitere Arbeitsplätze. In vielen Regionen wird deshalb ständig in ein besseres Qualitätsangebot investiert. Zur Ausübung des zum Breitensport angewachsenen Skilaufs ist die Schneesicherheit ein wesentlicher Faktor. Die vorwiegend schneearmen Winter der vergangenen Jahre erfordern entsprechende Maßnahmen. Während in den hochalpinen Regionen künftig Schneeprobleme weitgehend ausbleiben, wird in tieferen Lagen die Ausübung des Wintersports nur mehr über die technische Schneeerzeugung langfristig gewährleisten bleiben.

Nicht weniger als rund zwei Drittel der Winterurlauber kommen wegen des Skifahrens nach Österreich. Schneesicherheit und Zustand der Pisten sind für viele Gäste von vorrangiger

Das für die Beschneiungstechnik erforderliche Wasser wird aus natürlichen Bachläufen in die Speicherteiche gepumpt.

Bedeutung und mitentscheidend für die Auswahl des Skigebietes. Zur Sicherung des Wintertourismus setzen fast alle Skigebiete im Alpenraum auf die technische Schnee-Erzeugung. In hiesigen Skigebieten laufen Schneekanonen auf Hochtouren. Mit Stand 2018 sind rund 70 Prozent der Pistenfläche (ca. 23 700 Hektar) technisch beschneibar. In Wintersportzentren wie Ischgl kommen mehr als 1 000 Schneekanonen- und -lanzen zum Einsatz. Der finanzielle Aufwand ist dementsprechend hoch. Derzeit werden 3–5 Euro für die Produktion von einem Kubikmeter technisch erzeugten Schnees veranschlagt.

Die künstliche Erzeugung von Schnee erfordert Luft und Wasser. Über Schneekanonen und Lanzen wird Wasser zu feinsten Tröpfchen zerstäubt und bei Minusgraden auf die Flächen geblasen. Diese Art der Beschneiungstechnik steht in keiner Konkurrenz zu den bestehenden Trinkwasserressourcen. Das aufgewendete Wasser wird vorher aus natürlichen Bachläufen und Gerinnen in die Speicherteiche gepumpt und kehrt zur Schneeschmelze wieder in den Kreislauf zurück. Nicht weniger als 420 Wasserbecken stehen derzeit zur Beschneiung der österreichischen Skipisten zur Verfügung. Pro Wintersaison benötigt man für einen Hektar Pistenfläche etwa 3 000 Kubikmeter Wasser.

Fortbewegungsmittel in der schneereichen Gebirgslandschaft

Skier sind das Produkt einer langen und eindrucksvollen Entwicklungskette. Die Vorläufer des nunmehr verwendeten Sportgerätes lassen sich Jahrtausende zurückverfolgen. Lange bevor der Mensch begann, den Boden zu bearbeiten, das Holz der Wälder zu nutzen und Tiere zu halten, war er Jäger und Sammler. Die lebensnotwendige Nahrung, die Bekleidung und verschiedenartige einfache Gebrauchsgegenstände stammten vom erlegten sowie gefangenen Wild. So waren auch Erfindungen zur besseren Bewegung im Schnee ein wichtiger Antrieb zur Nahversorgung. Als erste Maßnahme, um nicht zu versinken, halfen zunächst Vergrößerungen an den

Die Abbildung eines Skifahrers im Hasenfell wird auf 4500–5000 Jahre geschätzt.

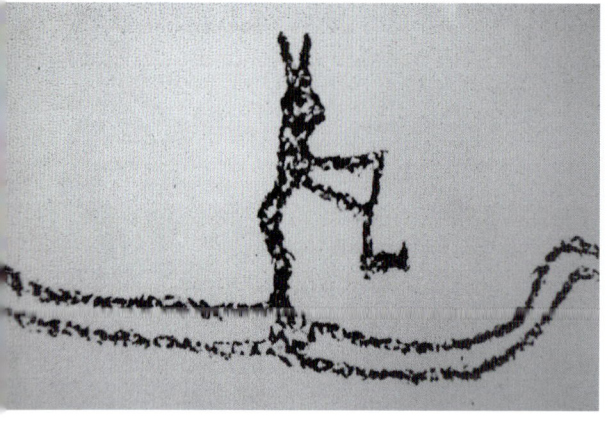

Schuhsohlen. Dazu dienten Reisigbündel, längliche bis runde Holzplatten, Säcke oder verschiedenartiges Flechtwerk. Mit den einfachen „Schneeschuhen" (Schneereifen) konnte man zwar besser in den Schneemassen gehen, aber noch nicht laufen oder gar gleiten. Sie dienten zur Vergrößerung der Aufstampfsohle bei hohem Schnee. Während in nordischen Ländern das Gleiten im Schnee seit langer Zeit üblich und gebräuchlich war, waren Fortbewegungsmittel dieser Art in Mitteleuropa noch weitgehend unbekannt. Das Jagen auf Skiern wird in norwegischen und russischen Felszeichnungen eindrucksvoll dargestellt. Es mag unwahrscheinlich anmuten, aber eine der ältesten bisher bekannten Abbildungen eines Skifahrers zeigt einen im Hasenfell getarnten Jäger in Fahrstellung auf langen, aufgebogenen Skiern. In der Hand hält der Jäger ein Wurfgerät zum Erlegen eines Wildtieres. Die anlässlich einer Torfabtragung auf der Insel Rödöy in Norwegen entdeckte Abbildung des „Skihasens" soll nach Schätzungen 4 500 bis 5 000 Jahre alt sein. Gebrochene Skiteile fand man immer wieder in konservierenden Moorlandschaften. Ein derartiger Fund aus Schweden soll etwa 4 500 Jahre alt sein. Erst vor wenigen Jahren stieß man im Altaigebirge (Grenze zwischen Russland und China) auf Felszeichnungen mit Jagdszenen auf Skiern, die mindestens 12 000 Jahre alt sind. Bei ihrer Ankunft in Skandinavien zeigten sich die Germanen von der eigenartigen Fortbewegungsmethode der dortigen Bevölkerung im Schnee überrascht. Sie übernahmen die Errungenschaft und bezeichneten das neuartige Gerät als „Scheit". Im ältesten germanischen Skidenkmal auf dem Runenstein von Böksta bei Uppsala aus dem Jahr 1050 n. Chr. wird ein Skifahrer mit Jagdbogen dargestellt. Mehrere Nordlandreisende berichten um 1663/1665 über die dortige Benützung von Skiern. Laut einem Bericht von Johann Freiherr von Valvasor benützten auch Krainer Bauern um 1689 bereits Skier. Sie erhielten die Anregung zum Skifahren vom in Russland tätigen Grafen Hebenstreit. In vielen weiteren schriftlichen Aufzeichnungen lässt sich die Verwendung von skiartigen Geräten nachweisen. Die Einführung des Skis ist in verschiedenen Gebieten voneinander unabhängig durch Vermittlung Norwegens erfolgt. In den Nordländern war „das Gleiten auf Skiern" schon sehr früh gebräuchlich und beliebt. Bereits um 1888 hat Fridtjof Nansen mit den Skiern Grönland durchquert. Bei der Rückkehr von seiner Nordpolarexpedition im Jahr 1874 soll Julius Payer die ersten Skier nach Wien mitgebracht haben. In unseren Breiten begannen die ersten Versuche, mit zwei Brettern über die winterliche Landschaft zu gleiten, sehr zögerlich.

Es waren sehr bald Forstleute und Jäger, die zur Erleichterung der winterlichen Reviergänge einfache Skier benutzten. In manchen Tauerntälern waren die ersten Skigeräte der Länge nach durchgeschnittene „Habrettln" (die vorne aufgebogenen Heubretter dienten zum Abtransport des Bergheus), auf denen man die Bergschuhe notdürftig mit Schnüren und Riemen festband. So mancher

Bergjäger betätigte sich in Ausübung seines Berufes als „Habrettlfahrer". Die ersten Skifahrer wurden damals noch belächelt und als „Spinner" abgestempelt. Man konnte nicht ahnen, dass sich der Skilauf zum Massensport entwickeln sollte.

Im Riesengebirge hatte der Ski schon frühzeitig Fuß gefasst. So ist bekannt, dass Graf Harrach sein Jagdpersonal um 1887 mit Skiern ausstattete. Der Forstmann E. H. Schollmayer verfasste ein interessantes Büchlein mit dem Titel „Auf Schneeschuhen". Der Autor berichtet, dass er, seit 1883 auf einer einsamen Forststation in Krain lebend, aus Mitteilung ihm bekannter Skandinavier den norwegischen Ski kennengelernt und auch verwendet habe. Das Büchlein „Der norwegische Schneeschuh" von Wilhelm Freiherr von Wangenheim (Hamburg 1895) beschäftigt sich unter anderem eingehend mit den Anfängen des Skilaufs in der Steiermark. Holzski bezeichnete man zu dieser Zeit auch als Schneeschuhe. Hier wird berichtet, dass der Forstverwalter des Stiftes St. Lambrecht, Schelließnig, sich Fichtenki von Larsen (Christiania) kommen ließ und den Skiclub St. Lambrecht gründete, dessen Mitglieder schon 1891 mit großer Begeisterung „auf Ausflügen mehr als 2000 Meter hohe Berge zu überwinden vermochten".

Rudolf Brunnmayr hieß ein junger Förster, der unter Anleitung des Domänenverwalters Stummer im salzburgischen St. Martin am Tennengebirge das Skifahren erlernte. Aus einer alten

Niederschrift geht hervor, dass um das Jahr 1895 der erste Wettskilauf vom Land Salzburg in St. Martin (vermutlich von Domänenverwalter Stummer und Oberförster Brunnmayr) durchgeführt wurde. Brunnmayr kam 1898 nach Bischofshofen und gründete mit zehn weiteren Skibegeisterten 1904 die „Ski-Gesellschaft Bischofshofen". Zur selben Zeit versuchten sich auch in Mühlbach am Hochkönig einige Männer, so Oberförster Schöndorfer, Jäger Wimmer, die Bergführer Huttegger und Deutinger, im Skifahren. Schon damals wetteiferten Ein- und Zweistockfahrer über die bessere Technik.

Oberförster Schöndorfer, ein überzeugter Einstockfahrer, gewann seinerzeit ein vielbeachtetes, schwieriges „Abfahrtsrennen" in Mühlbach. Vermutlich brachten die besseren Geländekenntnisse dem Oberförster den bejubelten Sieg. Allmählich hat sich die nordische Zweistocktechnik überall durchgesetzt. In Großarl im Pongau, einem mittlerweile bekannten Wintersportzentrum, war es ebenfalls ein Förster, der sich mit dem Skifahren befasste. Revierförster Erich Josef Witzlsteiner, der 1917 vom Grundlsee zur Forstverwaltung nach Großarl kam, verwendete für seine berufliche Tätigkeit, aber auch für winterliche Bergtouren schon damals eine brauchbare Skiausrüstung. Der Oberförster fand im damals noch unbekannten Bergdorf bald begeisterte Anhänger,

und es wurde 1927 der örtliche Skiverein gegründet.

Aber auch schon zuvor dürfte das Skifahren unter den Berufsjägern im Großarltal bekannt gewesen sein. Im Jahr 1905 erwarb der Industrielle Emil Arlt aus Stuttgart den Herrschaftsbesitz Hüttschlag. Hier dienten auch zahlreiche Berufsjäger. Über seinen abenteuerlichen Jagdausflug im Arltal berichtet ein Jagdgast in der Zeitschrift „Wild und Hund" im Jahr 1912 Folgendes: „Es sind prächtige Menschen, diese Jäger – fast jeder einzelne ein Typ, wie sie Ganghofers reizende Biographie ‚Die Jäger' uns vor Augen führt. Einige sind aus dem Pinzgau, ‚wo die Jäger wachsen', andere haben bei den Kaiserjägern in der Kaiserstadt oder bei der Festungsartillerie in der Bocche di Cattaro (heute Bucht von Kotor in Montenegro) oder sonstwo in der Welt gedient und kennen demzufolge einen weiteren Horizont als die Hütbuben auf der Alm. Winters stapfen die Gebirgler mit Schneereifen, und wers kann, schnallt flinke Skier unter die Läufe. Selbstverständlich wird geholfen, wo immer möglich, Wildheu gesammelt, todmatte Stücke (Rot- und Rehwild) sanft wie Kinder auf Schlitten eingeholt und den Winter über durchgefüttert."

Mathias Zdarsky (1856–1940) war einer der bekanntesten Skipioniere und gilt als Begründer des Alpinskilaufs. Er bediente sich der altnorwegischen Einstocktechnik und organisierte den ersten Torlauf der Skigeschichte mit schriftlichem Reglement im Jahr 1905

Mathias Zdarsky gilt als Begründer
des Alpinskilaufs.

Zdarsky leitete auch eine Vielzahl von
Skikursen für Militärangehörige.

auf dem Muckenkogel im niederösterreichischen Lilienfeld. Der überaus begabte Pädagoge, Maler, Bildhauer, Philosoph und Erfinder ließ sich, angeregt durch Fridtjof Nansens Grönlandexpedition (1888) Skier aus Norwegen mit einer dort üblichen „Rohrstaberlbindung" liefern. Zdarsky verwendete alsbald kürzere Skier und entwickelte die Stahlsohlenbindung mit festem seitlichen Halt. So war es möglich, die Skier im steilen Gelände nach Wunsch zu lenken. In den Wintern von 1890/91 bis 1896 entstand durch den aus Mähren stammenden Alpinisten und Lawinenforscher die „Alpine (Lilienfelder) Ski-Fahrtechnik". Er veröffentlichte 1896/97 das weltweit erste Buch, das seine Skifahrtechnik zum Selbstunter-

richt mit exakten Beschreibungen der einzelnen Bogenfahrtsphasen in Fotofolgen zeigte. Mathias Zdarsky leitete eine Vielzahl von Skikursen für Zivilisten und Militärangehörige und war Funktionär des 1900 gegründeten „Alpenskivereines". Für die k.u.k. Armee schrieb Zdarsky 1908 Instruktionen zum Militärskilauf.

Oberst Georg Bilgeri verfasste um 1898 eine Einleitung zur Erlernung des Skilaufens in mehreren Sprachen. Mit dem breitspurigen Fahren, Doppelstockeinsatz und tiefer Hocke schuf er seine eigene Lauftechnik. Der Skipionier bildete neben vielen Offizieren und Soldaten auch Gendarmen im Skifahren aus. In den Kriegsjahren waren Skier als

Fortbewegungsmittel in der hochalpinen, schneereichen Gebirgslandschaft besonders hilfreich. Zunächst bewährte sich der Ski als Hilfsmittel zum winterlichen Bergsteigen. Laufend gründeten sich überall neue Skiverbände. Der „Akademische Alpenklub Innsbruck", gegründet 1893, nahm die Skiausbildung zunächst in sein Programm auf. Um 1900 erstieg Othmar Schering als Klubmitglied den Großvenediger. Im Jänner 1901 erfolgte die Gründung des „Skiclubs Arlberg".

Weithin sichtbar ist das mächtige Hochkönigmassiv mit seinen bizarren Türmen aus Dachsteinkalk. Das Gebiet am Mitterberg war schon vor Jahrtausenden für die Erzgewinnung von großer Bedeutung. Bergleute bauten bereits um 3000 v. Chr. am Hochkeil Kupfererz ab. Das gewonnene Kupfer wurde in viele Länder Europas verkauft. Im Lauf der Erdgeschichte gab es immer wieder gravierende Klimaveränderungen mit weitreichenden Folgen. So berichten auch Sagen von einst blühenden Almen, die durch Kälteeinbrüche wieder in Eis und Schnee versanken, so zum Beispiel die von der „Übergossenen Alm" am Hochkönig. Das plötzliche Verlassen des Gebietes durch die urgeschichtlichen Bergleute könnte dafür der Grund gewesen sein.

Mit der Verbreitung des Bergtourismus gegen Ende des 19. Jahrhunderts war auch der Hochkönig als Zentralpunkt

Beim mächtigen Hochkönigmassiv am Mitterberg ereignete sich im Februar 1916 die schrecklichste Lawinenkatastrophe der Ostalpen.

der Nördlichen Kalkalpen ein begehrtes Ziel vieler Naturbegeisterter. Waren es einst die Bergknappen und Almleute, die den 2 941 Meter hohen Gipfel bestiegen, erstürmten in Folge immer mehr Bergfreunde den Hochkönig. Ab 1894 war die Gaststätte „Alpwirtschaft Mitterberg" auch Bergführer- und Trägerstation zur Bezwingung des gigantischen Gipfels. In den Jahren von 1896 bis 1898 errichtete der Wiener Alpinverein am Gipfel eine Schutzhütte. Der Antransport des Baumaterials war wegen des steilen Aufstiegs und des damals noch ausgedehnten Gletschers äußerst schwierig. Tragtiere weigerten sich über das Gletschereis zu gehen, so

mussten die Lasten von Trägern auf ihren „Kopfkraxen" auf den Berg getragen werden.

Allein den Firstbaum mit einem Gewicht von 120 Kilogramm schleppte ein Mann vom Mitterberg bis zum Hüttenplatz. Auch ein Aufzug mit Handwinden zum Transport des Bauholzes wurde im Bereich des Gletschers eingesetzt. Die einzigartige Gebirgslandschaft mit herrlichen Skihängen und gesicherter Schneelage bot beste Voraussetzungen für den immer mehr aufkommenden Wintersport. Der Mitterberg ist von Beginn an mit der Skigeschichte des Landes Salzburg eng verbunden. Schon

1912 war Mühlbach Austragungsort der Salzburger Landesskimeisterschaften. Entscheidend für die Entwicklung des örtlichen Skisports war die Übernahme der Bergbaudirektion durch den Norweger Emil Knudsen im Jahr 1908. Knudsen und seine Söhne waren mit den Lehren des Lilienfelder Skipioniers Mathias Zdarsky eng vertraut.

Knudsens Söhne bauten auch bald eine Sprungschanze und holten damit auch den nordischen Skisport in die Gegend. Gemeinsam mit dem Lehrer Josef Waibl und Oberlehrer Eder brachten sie nordischen und alpinen Skisport unter die breite Bevölkerung. Bereits um 1910 gab es in Mühlbach für die Schüler in den Turnstunden Skiunterricht. Bedeutenden Einfluss auf den Skisport hatte der Ausbruch des Ersten Weltkriegs. In der winterlichen Gebirgsfront spielte der Gebrauch von Skiern eine wichtige Rolle. Neben weiteren Skigebieten gab es auch am Mitterberg eine militärische Skiausbildung. Verantwortlich für die Kurse in der gesamten Monarchie war der Skipionier Oberst Bilgeri. Immer wieder gab es an der Dolomitenfront zahlreiche Lawinenopfer.

Die Lawinenkatastrophe am Mitterberg vom 19. Februar 1916 war jedoch die schrecklichste in den Ostalpen. Trotz schlechter Witterungsverhältnisse und Warnung der Hüttenwirtin Theresa Radacher und ihres Sohnes Peter setzte man die Skiausbildung für 315 Soldaten des Wiener Infanterieregiments fort. Die gemessene Neuschneehöhe lag bei 3,12 Metern. An der Sonnseite zwischen den Almhütten löste sich eine gewaltige Lawine und gelangte bis zum Gasthof am Mitterberg. Der Lawinenkegel erreichte eine Stauhöhe von acht bis zwölf Metern und verschüttete 245 Soldaten. Die wegen Schneeräumungsarbeiten zufällig anwesenden 250 Bergknappen begannen sofort mit den Rettungsmaßnahmen und gruben Stollen in den mächtigen Lawinenkegel. Während sich 79 Soldaten selber befreien konnten und 109 lebend geborgen wurden, kam für 58 der Verschütteten jede Hilfe zu spät.

Durch die allgemeine Werbung im gesamten Alpenraum wurde auch der „Wintersportplatz Mitterberg" immer

Zahlreiche Lawinen stürzten im Winter 2018/19 zu Tal.

Staatliche Skilehrerprüfung am Arthurhaus (1929): Peter Radacher I. beim Stemmbogen, Bildmitte Hannes Schneider, der Skipionier vom Arlberg.

bekannter. Die Wirtsleute des Arthurhauses, Peter und Mizzi Radacher, trugen wesentlich dazu bei. Peter Radacher I., ein begeisterter Skirennläufer seiner Zeit, gewann nationale und internationale Titel im Sprung- und Langlauf. Damals war noch die „Dreier-Kombination" mit Sprung-, Lang-, sowie Abfahrtslauf üblich. Er gründete im Jahr 1923 auch die erste Skischule des Landes Salzburg am Arthurhaus und führte regelmäßig Trainingskurse für Langläufer sowie Skispringer durch. Das schneesichere Gebiet am Mitterberg mit einer Schanze und den anspruchsvollen Loipen bot für den Skisport beste Voraussetzungen vom Vorwinter bis zum Frühlingsbeginn.

Der bekannte Skipionier Hannes Schneider veranstaltete bereits um 1920 in St. Christoph (Arlberg) das sogenannte „Mai-Rennen". Auch Peter Radacher nahm erfolgreich daran teil. Angespornt von dieser Veranstaltung führte er 1924 das erste „Mitterberger Mai-Skirennen" ein. Der Sieg wurde für die Kombination von Skispringen und Slalomfahren vergeben. Viele namhafte Spitzensportler waren bei diesem Wettkampf zum Ausklang der Wintersaison dabei. Radacher erkannte auch frühzeitig das große Talent Sepp Bradls und förderte den Sportler nach Kräften. Bradl übersprang 1936 die seinerzeitige „Traumgrenze" von 100 Metern. Seine Laufbahn krönte er im Jahr 1939 mit der Erringung des Weltmeistertitels im polnischen Zakopane.

Peter Radacher II., geb. 1910, ein naher Verwandter aus Taxenbach, setzte die Skitradition fort und sorgte als einer der ersten Salzburger Skilehrer im amerikanischen Sun Valley für die internationale Verbreitung des Skisports. An allen nationalen Meisterschaften vor und nach dem Zweiten Weltkrieg dominierten die Sportler aus Mühlbach. Neben Bradl und Eder nahm auch Peter Radacher III., geb. 1930, an der Winterolympiade in Oslo im Jahr 1952 teil. Peter Radacher III. war bis 1955 Mitglied der österreichischen Nationalmannschaft der Nordischen Kombinationen. Nach der bestandenen staatlichen Skilehrerprüfung übernahm er im selben Jahr von seinem Vater die „Skischule Arthurhaus". In den folgenden zehn Jahren war Radacher auch Ausbilder der österreichischen Skilehrer bei Prof. Stefan Kruckenhauser in St. Christoph am Arlberg.

Der Fremdenverkehr konzentrierte sich zunächst auf wenige Orte, in denen die ersten größeren Hotels entstanden. Natürlich hatte auch der Bau der Eisenbahn auf die Entwicklung des Fremdenverkehrs einen wesentlichen Einfluss. Um den Skisport weiter zu heben und den Wünschen der Gäste Rechnung zu tragen, engagierten viele Orte „Skilehrer", die Anfänger einführten und Fortgeschrittene auf Touren begleiteten. Die Titelführung „Skilehrer" war noch unkontrolliert, und so manchem soll es mehr ums Geldverdienen als um den Skisport gegangen sein. Um diesen nachteiligen Zustand abzustellen, beschloss der Österreichische Skiverband

„Buwi" Bradl mit Peter Radacher III. auf den Schultern (1936).

im Einvernehmen mit dem Deutschen Skiverband sowie dem Deutschen und Österreichischen Alpenverein, in Hinkunft nur mehr jene Personen als Skilehrer anzuerkennen, welche nach abgelegter Prüfung ein Diplom erhielten.

Die erste Skilehrerprüfung im Rahmen des Verbandes wurde vom 10. bis 13. März 1927 in St. Johann im Pongau durchgeführt. Der Prüfungskommission gehörten auch die bekannten Alpinisten und Skipioniere Hermann und Siegfried Amanshauser an. Nicht weniger als 60 Kandidaten stellten sich der Kommission, wovon 49 den begehrten

Skischulleiter Richard Lackner, Bauunternehmer Karl Müller, Gastwirt Anton Knapp sen. bei der Besichtigung des Skigebietes Skischaukel Großarl-Dorfgastein.

Titel erhielten. Um die Standesinteressen vertreten zu können, fassten die neugeprüften Skilehrer noch im selben Jahr den Beschluss, den „Verband der alpenländischen Berufsskilehrer" zu gründen. Als Skilehrer wurden damals im Pongau folgende Skilehrer anerkannt: Sepp Bogensberger aus Mühlbach, Ernst Dosenberger – Thermalbad Hofgastein, Peter Radacher – Arthurhaus bei Bischofshofen, Ernst Rittmann – Radstadt, Alex Weiß – Werfen und Lenz Palfinger – St. Johann im Pongau. Auch St. Johann im Pongau kann im Wintertourismus eine Vorreiterrolle vorweisen. Schon im Jahr 1927 gab es Skiabfahrten, eine Rodelbahn,

Bobsleigh (=Rennschlitten) und eine Sprungschanze mit einem Schanzenrekord von 35,5 Metern. Im Großartal im Salzburger Land fanden sich ebenfalls begeisterte Anhänger des Skisports.

Herrliche Tiefschneehänge im Bereich der Filzmooshütte im Ellmautal und beim Bergland-Skiheim brachten schon frühzeitig die ersten Wintergäste ins Tal. In den Dreißigerjahren erzielten die Abgaben der Skihütte „Alpenhaus Filzmooshörndl" die besten Einnahmen im Ort. Das Bergland-Skiheim war durch Jahrzehnte ein Zentrum des Skilaufs im Großarltal. Sehr früh wurden die Hänge am Kieserl und Fulseck als ideales Skigebiet erkannt. Straub und Heuberger erbauten 1934/35 das Haus. In den Jahren von 1955 bis 1959 bewirtschaftete Sepp Forcher mit seiner Frau Helli, die er 1956 in Großarl heiratete, das Berglandhaus. Als Talstation diente der Gasthof „Neuwirt". Sepp Forcher wurde später als Mitarbeiter des Österreichischen Rundfunks durch viele Radiosendungen und durch die Fernsehsendung „Klingendes Österreich" weit über die Grenzen Österreichs bekannt.

Ein tragisches Ereignis war ein Lawinenabgang am Silvestertag 1958 am Loosbühel im Ellmautal. Neun Studenten aus Wien wurden dabei verschüttet, vier konnten nur mehr tot geborgen werden. An der Trauerfeier in der Pfarrkirche Großarl nahmen Landeshauptmann Dr. Klaus und Bezirkshauptmann Kainzbauer teil. Eine der ersten Skihütten war die vom Prommegg-Bauern bewirtschaftete Filzmoosalm. Später übernahm die Bewirtschaftung die Familie Haid aus Pfarrwerfen. So manch starker „Lotter" aus dem Tal konnte sich als Filzmoos-, Loosbühel- oder Berglandträger eine Stange Geld verdienen. Damals ein willkommener Nebenverdienst. Mit bis zu 100 kg Gepäck auf den Kraxen quälten sich die Burschen zu den hochgelegenen Hütten. Während auf den Bergen die Skiläufer mit Einstock- sowie Zweistock-Technik eifrig den Skisport ausübten, bemühten sich im Dorf der Verkehrsverein und der Skiverein, den Winterfremdenverkehr anzukurbeln. Im Hübdörfl auf der Reitwiese hat der Holzseilunternehmer Alois Gruber 1959 den ersten Skilift im Tal eröffnet.

In den Jahren von 1955 bis 1959 bewirtschaftete Sepp Forcher mit seiner Frau Helli das Bergland-Skiheim in Großarl (Stefan Mooslechner, Helli Forcher, Maria Mooslechner, Sepp Forcher).

Für die skibegeisterte Talbevölkerung war der kleine Schlepplift eine besondere Attraktion. Auch im Fremdenverkehr erhoffte man sich weitere Impulse. Von den insgesamt 15 598 Nächtigungen im Jahr 1960/61 entfielen damals nur 5 552 auf den Winter. Mit Zunahme der Freizeit der erwerbstätigen Bevölkerung in ganz Europa entwickelte sich in weiterer Folge auch immer mehr der winterliche Fremdenverkehr. Die steigenden Nächtigungszahlen erforderten auch in Großarl von der Gemeinde und den Fremdenverkehrsträgern beträchtliche Investitionen. Gast- und Beherbergungsbetriebe wurden modernisiert und mit Komfortzimmern ausgestattet. Die Aufwärtsentwicklung des Fremdenverkehrs im Tal nahm ihren Lauf. Bis Mitte der Fünfzigerjahre war Großarl fast eine reine Agrargemeinde.

So waren viele Einwohner gezwungen, mit öffentlichen oder privaten Verkehrsmitteln auszupendeln und ihrem Lebensunterhalt außerhalb des Tales nachzugehen. Im Jahr 1961 gab es in Großarl 166 Berufspendler und die Anzahl der Auspendler stieg bis 1979 auf 465 an. Als Meilenstein in der Entwicklung des Winterfremdenverkehrsvereins kann das Jahr 1964 angesehen werden. Damals berief Gastwirt Anton Knapp die am Winterfremdenverkehr interessierten Personen zu einem Informationsabend in den Gasthof Neuwirt ein. Um den Anschluss an die umliegenden Wintersportorte St. Johann im Pongau, Wagrain, Badgastein und Hofgastein zu finden, war die Errichtung einer Schleppliftanlage in Unterberg eine Grundvoraussetzung.

Die Hänge in Unterberg und am Kreuzkogel boten dazu beste Voraussetzungen. Zudem war die Möglichkeit einer Verbindung mit dem Gasteinertal gegeben. Der Vorsitzende der Studienkommission Prof. Fred Rößner beurteilte das großräumige Skigebiet am Kreuzkogel als ideal für fortgeschrittene Skiläufer. Durch die dringende Notwendigkeit und die Überzeugungskraft der Initiatoren konnte schließlich am 12. Mai 1966 die Großarler Skilift Ges.m.b.H & Co.KG. gegründet werden. Nicht wenige Talbewohner zweifelten zu diesem Zeitpunkt am Erfolg des Liftprojektes. Der Mut zum Risiko sollte sich bezahlt machen. Mit dem Bau des Hochbrandliftes wurde im Jahr 1966 begonnen. Schon 1965 wurde dem staatlich geprüften Skilehrer Richard Lackner die Leitung der Skischule zugesprochen. Mit seiner Frau Erika baute er in Großarl eine neue Existenz auf. Auch die ersten Skilehrer der Skischule Lackner beteiligten sich geschlossen an der Finanzierung des Hochbrandliftes. Zunächst verlief der Skiliftbetrieb, aber auch die Skischule Lackner noch relativ bescheiden. Als erster geprüfter Landesskilehrer von Großarl unterstützte auch ich (Buchautor) den neuen Skischulleiter bei seiner zunächst mühevollen Aufbauarbeit. Das Fehlen eines Pistengerätes im Winter 1966/67 erforderte die Zusammenarbeit von Skilehrern der Skischule, Liftbediensteten und Mitgliedern des Wintersportvereines. Die Abfahrt von der Bergstation bis zum Tal wurde damals noch „getampert", das heißt, mit den Skiern glatt getreten. Eine mühevolle Tätigkeit, die nicht mehr der Zeit entsprach. So kaufte die Geschäftsführung des Liftes im Jahr 1967 das erste Pistengerät. Aber schneelose Weihnachten im Winter 1969 und wenig Schnee in der Höhenregion bis 1 500 Meter brachten den ersten schweren Rückschlag für die Liftbetreiber. Schon glaubte man an ein Scheitern des Projektes, das Weiterbestehen der Liftgesellschaft schien gefährdet. Ein Ausbau der Liftanlage mit einer Verbindung mit dem Gasteinertal sollte aus der Krise führen. Zum Glück pflegte Richard Lackner einen freundschaftlichen Kontakt mit Karl Müller, einem Bauunternehmer aus Delmenhorst (Deutschland), der das Vorhaben durch eine großzügige Kapitalaufstockung unterstützte. Das war der Beginn der Skischaukel Großarl-Dorfgastein.

Die Gemeinden Großarl und Hüttschlag sowie ein Großteil der Talbevölkerung beteiligten sich an der Finanzierung der neuen Skischaukel. Gastronomie, gewerbliche und kaufmännische Betriebe bauten entsprechend aus, um die Infrastruktur den neuen Gegebenheiten anzupassen. Die erste Skischaukel Großarl-Dorfgastein, ein lang gehegter Wunsch der Talbevölkerung, wurde am 19. Dezember 1971 eröffnet. Gründungsgeschäftsführer waren Peter Seer (1966–1981), Richard Lackner (1966–1990) und Anton Knapp (1966–2000).

Das Skifahren wurde immer mehr bekannt. In Mitteleuropa begann eine Euphorie, die in den 1920er-Jahren einen ersten Höhepunkt erreichte. Im gesamten Alpenraum gab es im Skisport einen ständigen Aufwärtstrend mit moderner Ausrüstung und verbesserter Fahrtechnik. Obwohl Skialpin auch weiterhin die dominierende Sportart bleiben wird, gewinnen alternative Bewegungsarten wie Skilanglauf, Tourengehen oder Schneeschuhwandern immer mehr Anhänger. Allein der Aufenthalt in der verschneiten Winterlandschaft bringt Erholung und Entspannung. Im gesamten Alpenraum wird die Infrastruktur für den Alpinsport ständig erweitert und modernisiert. Allein im Bundesland Salzburg gibt es mit Stand 2018 22 Skiregionen mit rund 570 Liftanlagen. Das bedeutet im Winter gut 1700 Kilometer präparierte Pisten. Im Winter 2018/19 wurden in Salzburg 200 Millionen Euro investiert. Unter anderem in neue Anlagen, Komfortverbesserungen und effiziente Beschneiung. Zählt man die Investitionen der vergangenen elf Jahre zusammen, ergeben sich fast 1,5 Milliarden Euro, die die Seilbahnwirtschaft im Land für Modernisierung und Verbesserung aufgewendet hat.

Zwei Pioniere aus dem Raurisertal

In mehrfacher Hinsicht prägten zwei außergewöhnliche Persönlichkeiten die Geschichte des Raurisertales im Land Salzburg. Ignaz Rojacher, geb. 1844 in Rauris, war von Jugend an ein leidenschaftlicher Alpinist und mit der umliegenden Hochgebirgswelt seines Heimattales eng vertraut. Schon seit frühester Zeit hatte das Bergwerkswesen hier einen hohen Stellenwert.

In den gletscherbedeckten Karen und Mulden, umgeben von den stolzen Eisgipfeln des Scharecks, Sonnblicks und Hocharns, verdiente sich der junge Rojacher schon bald seinen Lebensunterhalt. Zunächst war er als Truhenläufer und Erzförderer im Goldbergwerk auf dem Goldberg bei Kolm Saigurn im Dienst. Das mit größter Mühe der Bergwelt des Tauernmassivs abgerungene Gold und Silber zählte einst zu den bedeutendsten Edelmetallabbaugebieten der gesamten Donaumonarchie.

Allein die Golderzeugung von Rauris und Gastein betrug im Jahr 1886 nicht weniger als 99,8 Prozent der gesamtösterreichischen Gewinnung des Edelmetalls. Der überaus talentierte und

Bis zur Einführung der Skier war im Raurisertal das sogenannte „Knappenrössl" in Gebrauch.

tüchtige „Kolm Naz", wie er von den Einheimischen genannt wurde, strebte nach höheren Zielen und pachtete 1876 das Rauriser Goldbergwerk mit allen Rechten und Pflichten. In den Jahren 1876 und 1877 konnten 15,3 kg Gold und 38,1 kg Silber gewonnen werden. In dieser Zeit erlitt der „Naz" einen folgenschweren Unfall. Bis zur Einführung der Skier war das sogenannte „Knappenross" im Raurisertal ein beliebtes Wintersportgerät. Bergleute frühester Zeit hatten es schon in Verwendung und bedienten sich des „Knappenrosses" zum Vergnügen, aber auch zum Fortbewegen im tiefen Schnee.

Ähnlich dem heute verwendeten Snowboard war das hölzerne Knappenross vorne aufgebogen, etwa 1,2–1,5 Meter lang und etwa 20 Zentimeter breit. Im Gegensatz zum Snowboard saß man aber auf dem historischen Schneegerät. Zur Lenkung diente ein Bergstock. Bei einer Talfahrt im tiefen Schnee verletzte sich der „Kolm Naz" schwer und war dadurch gezwungen, fortan ein eisernes Mieder zu tragen. Trotz seiner körperlichen Einschränkungen kaufte er im Jahr 1880 den gesamten Bergbau mit sämtlichen Werkanlagen und den montanischen Rechten auf den Gruben. Als Vordenker, Entdecker und Erfinder

Bergleute frühester Zeit benützten das „Knappenrössl" zur Fortbewegung im steilen Schneegelände.

auch Bekanntschaft mit den in Schweden schon seit längerer Zeit verwendeten Skiern.

Nun bekam das lange verwendete Knappenrössl durch die Einführung des Alpinskis Konkurrenz. Wie aus einheimischen Kreisen bekannt ist, kam es auch zwischen den beiden Freunden zu einer Wettfahrt im tiefen Schnee der Rauriser Berge. Der „Kolm Naz" benutzte sein altbewährtes Knappenrössl, Wilhelm Ritter von Arlt bediente sich des neuen Wintersportgerätes, der Skier. Sein Fahrkönnen in dieser Zeit war noch sehr bescheiden und so stieg der Naz als Sieger dieses Wettkampfs hervor. Arlt verbesserte laufend sein Fahrkönnen und wurde zum geübten Skiläufer. Schon 1894 gelang es ihm, vom Sonnblick (3 106 m) bis Kolm Saigurn (1 600 m) trotz der seinerzeitigen einfachen Skiausrüstung in 32 Minuten abzufahren. Für dieselbe Strecke benötigte der Skipionier im Folgejahr nur mehr 15 Minuten. Es ist anzunehmen, dass Arlt als erster in Österreich von einem Dreitausender mit Skiern abfuhr. Im Folgenden unternahm er viele Skitouren auf die Dreitausender der Hohen Tauern wie zum Beispiel Schareck, Hocharn, Johannisberg und Großes Wiesbachhorn. Der Skisport wurde zum zentralen Thema seiner Aktivitäten. Schon im Jahr 1902 hielt der begeisterte Skipionier in Kolm Saigurn einen Skikurs für Bergführer ab, wohl weltweit der erste dieser Art. Hilfreich zur Seite stand Arlt dem „Kolm Naz" auch bei der Errichtung der meteorologischen Höhenstation auf dem

bediente er sich umfangreich der Kraft des Wassers und der Erzeugung der Elektrizität. Um sein Montanwissen zu erweitern, unternahm Rojacher mit seinem Gönner und Freund Wilhelm von Arlt eine Reise nach Falun in Schweden. Dort gab es ein spezielles Verfahren, mit dem die Edelmetalle Gold und Silber besser aus den arsenhaltigen Erzen zu gewinnen waren. Hier machten die zwei Bergpioniere aus dem Raurisertal

Sonnblick. Die Errichtung des Sonn-
blick-Observatoriums und die Telefon-
leitung vom Dreitausender bis Rauris
waren Pionierleistungen ersten Ranges.
Dank seiner Tatkraft und seinem uner-
müdlichen Einsatz konnte 1886 die In-
betriebnahme vorgenommen werden.
Ignaz Rojacher verstarb bereits 1891 im
Alter von 47 Jahren. Sein engster Weg-
begleiter Wilhelm Ritter von Arlt ließ
dem Pionier und außergewöhnlichen
Menschen zu Ehren die 2700 Meter
hochgelegene Rojacherhütte erbauen.
Wilhelm Ritter von Arlt, der Ehrenbür-
ger der Marktgemeinde Rauris, verließ
im Jahr 1944 die Welt seiner geliebten,
schneebedeckten Berge der Hohen Tauern. Die Pioniere aus dem Raurisertal
wurden durch ihre Aktivitäten und Er-
rungenschaften weit über die Grenzen
der Hohen Tauern bekannt und verehrt.
In einer Festschrift der Sektion Halle
mit dem Titel „Unsere Berge" aus dem
Jahr 1936 charakterisierte Superinten-
dent Joachim Ahlemann die Persönlich-
keit Wilhelm Ritter von Arlt folgender-
maßen:

„In Rauris unter dem Hohen Sonnblick
lebt in aller Stille noch einer der letzten großen Erschließer der Ostalpen,
Ritter Wilhelm von Arlt. Jeden Bauern,
jeden Bergmann, jeden Pfad, jede Not
in seinen Tälern kannte er und nahm
sich ihrer an mit Rat und Tat und Hilfe. Immer suchte er neue Wege, nicht
nur auf die Gipfel, sondern auch für die
wirtschaftliche Erschließung. Er organisierte das Führerwesen, er verschaffte
als einer der frühesten und begeisterts-
ten Anhänger und Meister dem Skilauf

Wilhelm Ritter von Arlt verschaffte als
einer der frühesten Anhänger dem Skilauf
Eingang in seine Bergwelt im Raurisertal.

Eingang in seine Bergwelt. Dass er in
seinem Gebiete zu Hause war, bis in
die letzten Winkel, jederzeit, nie versagend, seine Treue, sein reiches Wissen,
seine 60-jährige Bergerfahrung zur Verfügung stellt und immer selbst bescheiden, im Hintergrund bleibend, ihnen
höchste Dienste leistete, ist selbstverständlich. Heute wohnt der 82-jährige
in Rauris, dem reizenden, altertümli-
chen Markt, ganz in der Stille, von der
großen Öffentlichkeit der Bergsteiger-
welt fast vergessen, aber geliebt und
verehrt von seiner Talgemeinde, als der
greise Patriarch dreier Generationen".

Wildfütterung

Enorme Herausforderungen stellen schneereiche Wintermonate an die Wildtiere. Rot- und Rehwild leiden unter tiefsten Temperaturen und hohen Schneemassen. Während das Gamswild weitgehend seiner eigenen Überlebensstrategie im winterlichen Felsgebirge überlassen bleibt, ist eine regelmäßige und fachgerechte Futtervorlage, speziell in Notsituationen, für Rot- und Rehwild lebensnotwendig. In früheren Zeiten bewirkte die natürliche Auslese, dass vorwiegend gesunde, starke Stücke über den Winter kamen, aber schwaches oder krankes Wild im Tiefschnee wegen Futtermangels und lebensfeindlichen Witterungsverhältnissen verendete. Berichten zufolge drückte tiefer Schnee im Jahr 1899 und 1900 das Wild bis in niedrige Tallagen. Wie einer Jagdchronik aus dem salzburgischen Großarltal entnommen werden kann, verendeten im Extremwinter 1904/05 nicht weniger als 142 Stück Rotwild, 85 Rehe und 84 Gämsen auf qualvolle Weise. Besondere Herausforderungen stellten die

Rotwild im Winter.

Notsituationen an das Personal der Jägerschaft. 1935 erging durch die Bezirkshauptmannschaft St. Johann im Pongau eine bezirksweite Aussendung, dass die ohnehin schwachen Hochwild- und Rehbestände durch den Extremwinter höchst gefährdet waren. Vielfach hatte damals die Bevölkerung die notleidenden Wildtiere im Tal aus den ungeheuren Schneemassen befreit, eingefangen und eingestallt. Da man seitens der Behörde Missstände befürchtete, kam es zur sofortigen Einstellung der Hilfsaktion. Auch der ungeheuer lange und strenge Winter 1964/65 bescherte der alpinen Tierwelt wiederholt einen gewaltigen Aderlass. Einst wurde das Hochwild vielerorts in höheren Regionen mit dem auf den Almen gewonnenen Heu gefüttert. Durch die Einstellung der mühevollen Bergmahd und Neuerrichtung von Forststraßen verlegte man die Fütterungen an zentrale und leichter erreichbare Lagen. Somit war es auch möglich, dem Wild neben Raufutter auch andere Futtersorten vorzulegen. Zur markanten Verbesserung der Trophäen beim Hirsch und Rehbock

Buchautor Walter Mooslechner beim Besuch der vieldiskutierten Wildfütterung im Angertal/Gastein (2019).

wurde in den 1970er-Jahren neben Heu auch Hafer, Mais und Sesam gefüttert. Seit jeher hat es dort, wo Wild konzentriert vertreten ist, mehr oder weniger starke Wildschäden durch Verbiss und Verfegung von Jungbäumen und Rindenverbiss in älteren Baumbeständen gegeben. Schon immer galt in der Forstwirtschaft der Grundsatz „Wald vor Wild" und so führten starke Wildschäden in der Vergangenheit laufend zu Konfliktsituationen zwischen Forstleuten, Waldbesitzern und der Jägerschaft. Als Brotbaum der Forstwirtschaft hatte die Fichte seit jeher einen hohen Stellenwert. Aufgrund seiner vielseitigen Verwendbarkeit und guten Qualität ist das Holz der Fichte in Handel, Gewerbe und

Industrie besonders begehrt. Unter den verschiedenen Baumarten widersteht die Fichte hervorragend den unwirtlichen Witterungseinflüssen wie Frost, Eis und Schnee. Die Lebensenergie und Beständigkeit der Fichte ist enorm, deshalb wurde sie, trotz der nachhaltigen Bildung von Monokulturen, in der alpinen Forstwirtschaft der Vergangenheit bevorzugt. Werden die Baumbeschädigungen etwa durch Schälung zu groß, sind Qualitätsminderung und Wertverlust die Folge. Die Vermeidung von Wildschäden ist ein wesentliches forstwirtschaftliches Anliegen. So liegt es auch an der Jägerschaft durch richtige Futtervorlage weitgehende Wildschäden zu verhindern. Das Ausmaß derer wird nicht zuletzt von der Wildverteilung im Revier beeinflusst. Der Platz der Fütterung in einem ruhig gelegenen Baumbestand ermöglicht den Tieren eine stressfreie Futteraufnahme. Auch ein unbehindertes An- und Rückwechseln zu den Wildeinständen trägt zur Reduzierung von Schäden bei. Um die regelmäßige Betreuung der Fütterung auch in strengen Wintern zu gewährleisten, ist die Lage und Erreichbarkeit von Bedeutung. Unregelmäßige Futtervorlage mit zwischenzeitlichem Trögen und Raufen führt zwangsweise zu unerwünschten Wildschäden.

Schälschäden in Fütterungsanlagen sind häufig auch Folge von Beunruhigung. Das Fernbleiben des Rotwildes vom Futterplatz erhöht das Schälrisiko enorm, besonders wenn umliegend schälanfällige Baumbestände wachsen. Immer mehr Skifahrer und Tourengeher suchen heute abseits präparierter Pisten eine Abfahrt durch unberührtes Gelände. Der stets aufstrebende Alpintourismus beansprucht laufend weitere Gebiete abseits der präparierten Skipisten. Tourengeher und Tiefschneebegeisterte treiben das Wild aus seinen angestammten Einständen und Fütterungsplätzen. Das auch dadurch beunruhigte und nervöse Wild rächt sich durch Verbeißen und Schälen von Pflanzen. In vielen Talregionen sind mittlerweile grüne Winter zum gewohnten Bild geworden. Der Klimawandel ist zentrales Thema der Medienberichte und Expertendiskussionen.

Doch die Natur lässt sich nicht berechnen, sie folgt ihrem eigenen Wechselspiel. Nach dem Extremwinter 2005/06 folgte im Dezember 2018 und Jänner 2019 ein Jahrhundertwinter mit schweren Folgen für Mensch und Tier. Ungeheure Schneemassen bedeckten das Land. Wegen Lawinengefahr kam es vielerorts zu Straßensperren. Viele Menschen waren vorübergehend von der Umwelt abgeschlossen. Bundesheer, Feuerwehr und Bergrettung standen pausenlos im Einsatz. Wildtiere versanken im meterhohen Schnee. Mit größter Mühe und unter Lawinengefahr halfen Jäger und betreuten das notleidende Wild durch regelmäßige Futtervorlagen.

Überhöhte Rotwildbestände führen zu Schälschäden an den Bäumen.

Bäume und Sträucher in der Kampfzone

Durch spezielle Anpassungsfähigkeiten und Wuchsform überstehen Bäume und Sträucher an ihren oft extremen Standorten die dort herrschenden frostigen Temperaturen und sonstigen klimatischen Gegebenheiten wie Eis, Schnee und Wind. Die ökologische und landschaftliche Baumgrenze wird in erster Linie vom herrschenden Klima geprägt. Langanhaltende Klimaerwärmungen lassen auch die Waldgrenze ansteigen. Immer schon gab es in der Erdgeschichte weitreichende Klimaveränderungen. Holzfunde bei den derzeit zurückschmelzenden Gletschern weisen darauf hin, dass die Waldgrenze früher einmal wesentlich höher lag. Durch die derzeitige Klimaerwärmung erobert sich der Wald sein einstiges Gebiet wieder zurück. In den Alpen ist die Höhe der Baumgrenze unterschiedlich und nicht zuletzt von der örtlichen Bodenwärme und den umgebenden Luftverhältnissen abhängig. Besonders in der Vegetationszeit benötigen Bäume

Lärchen und Krummholzkiefern (Latschen) wachsen bis in höchste Gebirgsregionen.

in höheren Lagen warme Temperaturen für ein gedeihliches Wachstum. Vor extremer Winterkälte schützen sich Bäume, indem sie Zucker und andere Schutzstoffe einlagern und ihre Gewebezellen umbauen. Frostharte Baumarten überstehen so tiefste Temperaturen. Die natürliche Waldgrenze liegt in den Zentralalpen bei 1900 und in den Kalkalpen bei etwa 1700 Metern Seehöhe.

Während Nadelhölzer naturbedingt in den Bergregionen zuhause sind, dominieren in der Ebene und im Hügelland Laubhölzer und im Übergangsgebiet Mischwälder. Gerade im Gebirge wäre ein Leben ohne Wald unvorstellbar. Wälder schützen unseren Lebensraum. Sie verringern die Gefahr von Lawinen, Wildbächen, Muren, Steinschlag, Bodenerosion und Hochwasser. Humoser Waldboden wirkt wie ein riesiger Wasserspeicher. Der mit einem weit verzweigten Wurzelsystem ausgestattete Waldboden kann große Wassermengen aufnehmen und gibt diese langsam wieder ab. In Extremlagen und alpinen Regionen ist eine kostendeckende

In der Waldkampfzone überleben
nur frostharte Baumarten.

Holznutzung nur teilweise möglich. Viele Baumbestände im steilen, unwegsamen Felsgelände bleiben sich selbst überlassen. Tief bohrt sich das verzweigte Wurzelsystem in den meist humusarmen, felsigen Boden, um das lebensnotwendige Wasser aufzunehmen.

Nur besondere Holzarten überleben in dieser unwirtlichen Klimazone. Die Zirbe, auch Königin der Alpen genannt, gilt als frosthärteste Baumart. Der immergrüne Baum mit Wuchshöhen von bis zu 25 Metern wächst in Höhenlagen von 1 300–2 850 Metern, bevorzugt

werden Höhen von 1 500–2 000 Metern. Mit einem mächtigen Wurzelsystem dringt die Zirbe in tiefste Gesteinsspalten und widersteht stärksten Gebirgsstürmen. Die witterungsharten Bäume bewältigen Temperaturen von bis zu −43 °C und sind auch einigermaßen unempfindlich gegen Spätfröste. Die Zirbe, auch unter Arve, Zirbelkiefer und weiteren Namen bekannt, kann bis zu 1 000 Jahre alt werden. Vor allem in den Hochlagen der Alpenregionen erfüllt die Zirbe eine wichtige Schutzfunktion.

Zirben bilden gebietsweise Reinbestände oder sind auch mit Europäischen Lärchen vergesellschaftet. Vereinzelt zeigt sich der wunderbare Gebirgsbaum bis in höchste Regionen. Das aromatische weiche Holz und die Früchte (Zirbenzapfen) finden im Handwerk sowie in der Volksmedizin vielseitige Verwendung. In den letzten Jahrzehnten wurde die Zirbe wieder zur Hochlagenaufforstung herangezogen, allerdings sind Jungpflanzen durch Verbiss und Verfegen von Wild gefährdet. Freistehend ausgewachsene Zirben erscheinen oft in seltsamen Wuchsformen mit sonderbar verkrümmten Verästelungen, sodass sie aus der Ferne oft wie Berggeister erscheinen.

Gerade im Hochgebirge, wo Laubhölzer nicht mehr gedeihen, findet auch die tief und fest verwurzelte Lärche ihren Platz. Sie verliert im Gegensatz zu anderen winterfesten Nadelhölzern ihre Nadeln. Mit dieser Überlebensstrategie kann diese Baumart tiefe Temperaturen bis −40 °C unbeschadet überstehen. Nadeln und Blätter benötigen auch im Winter Wasser, denn über sie verdunstet der Baum auch Flüssigkeit. Bei Frost wäre das nicht möglich, der Baum müsste verdursten. Die Lärche übersteht durch den Nadelverlust die Winterzeit. Weithin leuchten die goldgelben Nadeln, bevor sie unter der winterlichen Schneedecke im Waldboden verschwinden. Streng achteten die Holzknechte einst auf das Verhalten der Lärchennadeln. Das während des Sommers geschlägerte Rundholz wurde in den Wintermonaten mit schweren Holzschlitten zu Tal gezogen. Das Holzziehen war eine gefährliche Arbeit, nur kräftige und erfahrene Holzknechte konnten diese Tätigkeit durchführen.

Eine ausreichende Schneedecke war für die Errichtung der Ziehwege notwendig. Eine altüberlieferte Wetterregel lautet: „Die Lärchennadeln müssen unter den Schnee". Fallen die sonnengelben Nadeln auf die Schneedecke, so wird diese wieder rasch vergehen. Über viele Jahrhunderte stand dieses Naturphänomen unter Beobachtung. Tatsächlich hat sich diese Wetterregel immer wieder bewahrheitet.

In höheren Gebirgslagen mit langanhaltenden, schneereichen Wintern gedeiht eine der Umwelt angepasste Fichtenart: die Spitzfichte. Die auffallend schlanke Baumform mit normalem Höhenwuchs kennzeichnen kurze, dünne, schlaff herabhängende Äste. Die besondere Ausformung schützt den flachwurzelnden Baum gegen die Gewalt des Sturmwindes und den enormen Schneedruck

des Bergwinters. Auf den kurzen Ästen findet der Schnee keinen festen Halt und der Baum entgeht der drückenden Schneelast.

Mit zunehmender Höhe sind Baumbestände, Baumgruppen sowie normal ausgebildete Einzelbäume immer seltener anzutreffen. Verkrüppelte Baumformen mit Niedrigwuchs und dichtes Gebüsch prägen die Kampfzone der Bäume. In Richtung der als „Krummholzzone" bekannten Region bleibt das Baumwachstum gänzlich aus und

Spitzfichte auf der Filzmoosalm im Großarltal.

Immer wieder sind in der Natur sonderbare Baumgestalten anzutreffen.

wird von widerstandsfähigen Latschen-Grünerlen-Beständen sowie alpinem Grasland abgelöst.

Die Latsche, Legföhre oder Krummholzkiefer wächst in Höhenlagen von 1 000 bis 2 700 Meter. Latschen wachsen strauchartig bis zu 2 Meter Wuchshöhe und können neben Grünerlen sogar Hänge besiedeln, auf denen häufig Lawinen abgehen. Der äußerst biegsame und elastische Strauch hat sich vorzüglich den winterlichen Schneeverhältnissen der Hochlagen angepasst.

Auch die strauchartige Grünerle ist eine Pionierholzart, welche zur Sicherung von Rutschungen und Lawinenhängen beiträgt. Der sommergrüne Strauch mit Wuchshöhen bis zu 6 Metern kann über hundert Jahre alt werden und gedeiht von Tallagen bis in Gebirgsregionen von 2 800 Metern. Besonders in lawinengefährdeten Nordhängen bildet sie zumeist die einzige Strauchart, die durch ihre biegsamen, zähen Äste das Gewicht des Schnees mildert.

Die Zirbe, auch Königin der Alpen genannt, gilt als frosthärteste Baumart.

Einzigartige Moorlandschaften

Die Entstehungs- und Entwicklungsgeschichte der Moore reicht weit zurück. Nach Ende der letzten Eiszeit begann aufgrund der einsetzenden Klimaerwärmung in vielen Landschaften die Moorbildung. Die Blütezeit begann in der Zeitrechnung vor etwa 12 000 Jahren. Enorme Niederschlagsmengen und der Anstieg des Grundwasserspiegels ließen zahlreiche Täler, Senken und Niederungen überfluten. Eine feuchtigkeitsliebende Pflanzenwelt fand hier gute Voraussetzungen zum Gedeihen. So bildeten Torfmoose für die Moorbildung ideale Voraussetzungen.

Durch den hohen Wasserstand und Mangel an Sauerstoff ist die Stoffproduktion der Pflanzen höher als der jeweilige Abbau. Eine ständige Entstehung von mehr Biomasse führt zur Entwicklung einer Torfschicht, die bei günstigen Bedingungen pro Jahr bis zu 1 Millimeter

Typische Standorte für den Fieberklee (*Menyanthes trifoliata*) sind Quellsümpfe von Flüssen, Zwischenmoore und Hochmoore.

anwächst. Ein Großteil der ursprünglichen Moorfläche Österreichs wurde entwässert und einer landwirtschaftlichen Nutzung zugeführt. Über einen langen Zeitraum waren Moore nur für die Torfgewinnung von Bedeutung. Mittlerweile hat man die vielseitige Nutzwirkung der einzigartigen Naturjuwele erkannt und betreffende Landschaftsteile unter Schutz gestellt.

Im Wasserhaushalt eines Gebietes spielen Moore eine bedeutende Rolle, sie bestehen zu 95 Prozent aus Wasser, können in niederschlagsreichen Zeiten enorme Wassermengen aufnehmen und bis zu einem Meter aufquellen. Moore sind auch wichtige Kohlenstoffspeicher. Einen großen Teil des als Kohlendioxid in der Atmosphäre vorhandenen Kohlenstoffs speichern Moore. Für selten gewordene Pflanzen und Tierarten bilden die Feuchträume letzte wertvolle Rückzugsgebiete.

Anders als Sümpfe sind die unterschiedlichen Moortypen beständig mit Wasser gesättigt. Für die Entstehung

Ibmer Moor.

Niederschläge während des ganzen Jahres verhindern eine Austrocknung des Gebietes. Solche Moore kennzeichnet ein saurer, mineral- und sauerstoffarmer Wasserhaushalt. Der entsprechende Wasserstand verbunden mit dem Sauerstoffmangel fördert die Stoffproduktion. Niedermoore bilden sich, wenn sich in Senken und Mulden nährstoffreiches Wasser ansammelt. Sie gedeihen im Bereich des Grundwassers und können auch aus vorhandenen Teichen und Seen entstehen. Niedermoore sind nährstoffreich und bieten günstige Bedingungen für einen artenreichen Pflanzen- und Tierbestand. Fällt viel Niederschlag, kann sich ein Niedermoor auch zu einem Hochmoor entwickeln. In der Übergangsphase spricht man von einem Zwischenmoor oder Übergangsmoor. Die permanente Wassersättigung und der extreme Nährstoffmangel lassen in Hochmooren eine einzigartige Flora und Fauna gedeihen.

und Entwicklung der Moorformen sind deshalb die hydrologischen Bedingungen mitentscheidend. Aufgrund des Torfbildungsprozesses oder des Wasserpegels entstehen Moortypen verschiedenster Systeme. So gibt es Quellmoore, Hangmoore, Versumpfungsmoore, Verlandungsmoore, Kesselmoore, Überflutungsmoore, Regenmoore sowie Durchströmungsmoore. In grober Unterteilung nach Art ihrer Wasserversorgung unterscheidet man zwischen Hoch- oder Niedermooren.

Hochmoore bevorzugen Stellen, an denen die Niederschlagsmenge größer ist als die Menge des Wassers, das wieder abfließt und verdunstet. Gleichmäßige

Die einzigartige Naturlandschaft liegt in den oberösterreichischen Gemeinden Eggelsdorf, Moosdorf und Franking. Der größte zusammenhängende Moorkomplex Österreichs mit einer Ausdehnung von rund 2 000 Hektar besteht aus dem Bürmoos, Weidmoos und dem Ibmer Moos.

Ein Teilbereich ist das Naturschutzgebiet Pfeiferanger. Das heutige Aussehen dieses Moorteiles wurde durch Menschenhand stark verändert. Trotz des Eingriffs ist das Moor mit einer Fläche von 76 Hektar auch gegenwärtig von hoher ökologischer Bedeutung.

Geschützte Tierarten wie etwa der Große Brachvogel, der Kiebitz, der Teichfrosch, der Scheckenfalter, die Bekassine sowie die Kreuzotter finden hier einen geeigneten Lebensraum. Unter Schutz stehen auch die Weiße Waldhyazinthe, die Gewöhnliche Moor-Preiselbeere, die Mehl-Primel, das Dreiblättrige Fingerknabenkraut, das Scheiden-Wollgras und der Rundblatt-Sonnentau sowie der Fieberklee.

Eine naturkundliche Besonderheit findet sich im Ferleitental bei Fusch an der Glocknerstraße. Das Naturjuwel der Hohen Tauern ist reich an Orchideen und seltenen Moorpflanzen. Das Rotmoos ist ein Kalkflachmoor, ein seltener Moortyp in den von Silikatgesteinen dominierten Zentralalpen. Viele Bergsturzblöcke in der Moorfläche ermöglichen auch das Gedeihen typischer Hochgebirgspflanzen. Somit ist das Rotmoos ein für den Alpenbereich einzigartiges Muster von einer Moor- und Hochgebirgsvegetation. Neben Gräsern, Orchideen und Blütenpflanzen finden besondere Insekten, Schmetterlinge und Libellen in den Mooren einen speziellen Lebensraum.

Im Glanz des Sonnenscheins spiegelt sich der dritthöchste Berg des Lungaus im Prebersee. Der Preber (2 740 m) ist aufgrund seiner freien Lage und markanten Gestalt im ganzen Lungauer Becken sichtbar. Der einzigartige Moorsee, dessen Verlandungszone von Schnabelseggensümpfen sowie Nieder-, Übergangs- und Latschen-Hochmooren umgeben ist, bietet seltenen Tieren und Pflanzen ein Zuhause.

Als Moorsee besitzt der in einer bezaubernden Naturwelt eingebettete Bergsee eine besondere Wasserqualität. Der geringe Gehalt an Mineralsalzen macht das Wasser verhältnismäßig weich. Die Huminsäure aus dem Torf bewirkt die Braunfärbung des sauerstoffarmen Seewassers. Die Gegend um den Prebersee (1 511 m) befindet sich bereits in der oberen Bergwaldstufe, hier wachsen Fichten und Lärchen als vorherrschende Baumarten. Gemeinsam mit Zirben gedeihen diese Bäume über der Waldgrenze in extremen Kampfzonen.

Das Rotmoos im Ferleitental bei Fusch an der Glocknerstraße ist ein Naturjuwel.

Moorsee am Preber.

Die Pflanzen- und Tierwelt ist wegen ihrer Spezialisierung an den Hochmoorstand gebunden. Eine Zerstörung des natürlichen Lebensraums führt zum Aussterben der besonders selten gewordenen Pflanzen und Kleintierwelt. Durch den Sauerstoffmangel dauert die Selbstreinigung des Wassers sehr lange.

Bei der Nutzung des Sees ist daher besondere Sorgfalt geboten. Fichten und Latschen sind häufig bei Hochmooren anzutreffen. Bei reichlichen Vorkommen spricht man auch von einem Latschen- oder Fichtenmoor. Aufgrund der Bodenverhältnisse und des Nährstoffmangels ist das Wachstum der Fichten

eingeschränkt und erreicht teilweise nur Höhen von einem Meter.

Neben der Latschenkiefer gedeiht ausschließlich in Hochmooren die Zwergbirke. Mit einer Höhe von 20–50 cm und einem Blattdurchmesser von 4–12 mm zählt sie zu den Zwergsträuchern. Neben dem Scheidigen Wollgras und weiteren seltenen Pflanzen findet sich am Prebersee auch der Rundblättrige Sonnentau. Es handelt sich dabei um eine fleischfressende Pflanze, die den Nährstoffmangel im Moos durch die Verdauung von tierischer Nahrung ausgleicht. Die Drüsenhaare an den Blättern sondern einen honigartigen,

Der Sonnentau (*Drosera*) ist eine fleischfressende Pflanze.

klebrigen Stoff ab, welcher Insekten an-lockt. Käfer, Schmetterlinge oder Libel-len und Fliegen bleiben am Blatt kleben. Bei den Befreiungsbewegungen der Op-fer rollt sich das Blatt zusammen. Beim einsetzenden Verdauungsvorgang wer-den die Weichteile aufgelöst und der unverdauliche Rest nach der Blattöff-nung vom Wind fortgeweht.

Neben dem Bergmolch mit seiner grau-en Rückenfärbung und orange leucht-endem Bauch sowie der etwa 16 cm langen Bergeidechse mit brauner Rü-ckenfärbung und dunklen Längsstrei-fen leben im Bereich des Sees auch Kreuzottern, Grasfrösche und weitere Moortiere.

Der Prebersee ist mit einer weiteren Be-sonderheit weit über die Grenzen des Landes bekannt. Hier findet alljährlich im August ein Wasserscheibenschießen statt. Beim Preberseeschießen treffen sich Schützen aus vielen Ländern. Da-bei wird aus einer Entfernung von über 100 Metern nicht direkt auf die Schei-be geschossen, sondern auf das Spiegel-bild im Wasser. Das Geschoss prallt auf dem Wasser auf und soll dann erst die Zielscheibe treffen.

Rohrkolben (*Typha latifolia*) sind Wasser- und Sumpfpflanzen und wachsen meist in dichten Beständen.

Das Breitblättrige Knabenkraut (*Dactylorhiza majalis*) ist eine Orchideenart und gedeiht auf ungedüngten Feuchtwiesen.

Das Gebiet um den Mitterberg am Hochkönig kann auf eine jahrtausendealte und traditionsreiche Geschichte zurückblicken. Abwechselnde Klimaänderungen in der Vergangenheit prägten auch das Geschehen der alpinen Landwirtschaft am Mitterberg. In den Jahren von 1100 bis 1500 n. Chr. führte eine Klimaerwärmung zu einer Blütezeit der Almwirtschaft. Aufgrund der Erwärmung konnte auch in Hochlagen Getreide angebaut werden. Wissenschaftlich belegt ist, dass im Holozän zwischen 4000 und 5000 Jahren sowie zwischen 6000 und 7000 Jahren die Wald- und Baumgrenze rund 300 Meter höher lag als heute.

Ein Rückzug der Gletscher war die Folge. So gab es im Laufe der Jahrhunderte und Jahrtausende immer wieder gravierende Klimaschwankungen.

Vom 17. bis zum 19. Jahrhundert führte eine allgemeine Kältezeit zum Absinken der Verfirnungsgrenze auf 2 600 bis 2 700 Meter und zum Ansteigen des Gletschereises auf einen Höchststand. Bereits um 3000 v. Chr. bauten Bergleute im pongauischen Mühlbach am Hochkeil Kupfer ab. Für das Leben der Bergleute und zum Erzabbau war das Wasservorkommen eine Grundvoraussetzung. Der prähistorische Bergbau

Torfstich am Troyboden (um 1900). Die Torfziegel dienten zur Beheizung der Berghäuser und als Einstreu für das Vieh.

am Mitterberg dauerte über 2 500 Jahre. In der Blütezeit des Abbaus sollen hier bis zu 500 Menschen gelebt haben. Als Ernährungsgrundlage gab es schon in früher Zeit eine geordnete Land- und Forstwirtschaft. Im naheliegenden Hochmoor „Langes Moos" entdeckte man Getreidepollen aus frühester Zeit. Umgeben von den bizarren Kalksteintürmen der Mandlwand liegt das Naturjuwel in einem reizvollen Landschaftsteil.

Viele Sagen und Legenden im gesamten Alpenraum berichten über blühende Almen, die durch einen plötzlichen Kälteeinbruch in Eis und Schnee versanken. So soll der Sage nach das sündige Leben der Sennerinnen zur Vergletscherung

am Hochkönig geführt haben. Zurück blieb der Name „Übergossene Alm" für den Plateaugletscher des 2 941 Meter hohen Hochkönigs im Salzburger Land. Wie bei vielen weiteren Moorlandschaften opferte man auch am Troyboden beim „Langen Moos" große Teile für die Torfgewinnung. Ab dem Jahr 1903 produzierten ein Torfstecher und dessen große Familie jährlich eine Million Torfziegel. Der Torf wurde für die Beheizung der Berghäuser und als Einstreu für das Vieh verwendet. Mittlerweile ist das Moor am Troyboden ein geschützter Landschaftsteil.

Troyboden/Mühlbach am Hochkönig.

Biografie

Walter Mooslechner, Ing., geb. 1944 in Großarl/Salzburg, war bis zu seiner Pensionierung Förster im Raum Taxenbach/Eschenau, Lend/Embach und St. Veit. In ehrenamtlicher Funktion war er langjähriger Obmann und Kustos des Museumsvereins „Denkmalhof Kösslerhäusl" in Großarl. Zahlreiche Publikationen in der Zeitschrift „Salzburger Volkskultur", im „Salzburger Bauernkalender", der Jagdzeitschrift „Anblick" sowie in Orts- und Vereinschroniken bezeugen seine Begeisterung für regionale Geschichte und Kultur. Als erfolgreicher Buchautor ist Walter Mooslechner mit dem Verlag Anton Pustet fest verbunden. Auf „Winterholz" (1997) folgten „Almsommer" (2002), „G'sund und guat" (2011), „Geheimnisvolle Liechtensteinklamm" (2013), „Naturnah" (2015) und „Holz Hand Werk" (2017).

Bildnachweis

Bezirksheimatmuseum Lilienfeld: 152
Burian, Herbert: 135
commons.wikimedia.org, CC Attribution-Share Alike 3.0 Germany: Gletscherflöhe S. 120
Eisriesenwelt: 136–139
Gasteiner Museum: 64, 69f, 72, 74
Gruber, Michael: 22, 48 rechts, 146 oben
Knapp, Dr. Herbert: 93
Landesskimuseum Werfenweng: 148
Mooslechner, Walter: 6–10, 12–14, 16, 21, 25–27, 29–33, 36–43, 45f, 48f, 51–55, 57f, 60–63, 66f, 71, 73, 76, 79–82, 84, 86–90, 92, 94, 96, 104, 108, 111–113, 128, 131–134, 142, 144f, 146 unten, 150, 153, 159, 161, 164, 169f, 172–175, 178-181, 183, 185–187
Nagl, Helmut: 158
Promegger, Alois: 176, 183
Radacher, Peter: 154, 156f, 184
Rauriser Talmuseum: 163, 165
Rohrmoser, Peter: 28, 143
Shutterstock.com: Rostislav Stefanek 15; Jesus Giraldo Gutierrez: 17; COULANGES 18; Philip Ellard 19; The Dealers 20; Julia Lav 23; Dan Shachar 98; Erni 100; Jens Quedenfeld 101; Jaro Mikus 103; Radka Palenikova 106; guenermanaus 107; Wolfgang Simlinger 109; Marek R. Swadzba 110; Wolfgang Kruck 114, 166; Sergey Uryadnikov 117; Daniel Zuppinger 118; Lillian Tveit 119; SERGEI BRIK 120; Red Squirrel 123; Alberto Chiarle 124; Massimiliano Paolino 126; FotoRequest 127; Artemii Sanin 129; IvkaS 130; Jefunne 140; Wolfgang Kruck 166; Henri Koskinen 182
Winter, Wolfgang: 168
Wirnsperger, Thomas: 34f, 97, 147, 188f

Literaturnachweis

Friedl, Wolfgang: Mathias Zdarsky: *Der Mann und sein Werk. Beitrag zur Geschichte des alpinen Schifahrens von den Anfängen bis zur Jetztzeit.* 2. bearbeitete Auflage von Kurt Bellak, Bezirksheimatmuseum Lilienfeld, 2003.
Gastein Tourismus: „Gastein – Geschichte und Museum", o. A.
Hecker, Frank und Katrin: *Tiere und Pflanzen des Waldes,* Kosmos, 2010.
Kronberger, Sabine: „Schiederweiher – Der Siegersee", in: *Krone bunt,* o. A.
Mooslechner, Walter:
– *Großarltal – Aus vergangener Zeit,* Museumsverein Denkmalhof Kösslerhäusl, 1992.
– *Winterholz,* Verlag Anton Pustet, 1997.
– *Almsommer,* Verlag Anton Pustet, 2002.
– *Damit es in Erinnerung bleibt,* Eigenverlag, 2013.
– „Förster als Skipioniere", „Heuzieher von einst", in: *Anblick,* o.A.
– *Geheimnisvolle Liechtensteinklamm,* Verlag Anton Pustet, 2013.
Nationalpark Hohe Tauern: *Nationalpark Magazin,* Ausgabe Salzburg 01/2019.
Radacher, Peter: *5000 Jahre Mitterberg – 130 Jahre Arthurhaus – 100 Jahre Radacher,* 1998.
Riedler, Maria: „Neue Entdeckungen in der größten Eishöhle der Welt", in: *Pongauer Nachrichten,* 2.5.2019.
Spitzer, Dr. Gerhard: *Der Jagdprüfungsbehelf für Jungjäger und Jagdaufseher: Jagdliches Wissen für Prüfung und Praxis,* Österreichischer Jagd- und Fischerei-Verlag des N.-Ö. Landesjagdverbandes, 1982.
Thomasser, A., Bedek, W., Nowotny, G., Pilsl, P., Stöhr O., Wittmann, H.: *Geschützte Pflanzen in Salzburg – Erkennen und Bewahren,* SLK Natur & Umwelt, 2010.

Walter Mooslechner im Verlag Anton Pustet

Winterholz
18,3 x 24,5 cm
136 S., Hardcover
ISBN 978-3-7025-0364-2
€ 21,50

Almsommer
18,3 x 24,5 cm
136 S., Hardcover
ISBN 978-3-7025-0455-7
€ 21,50

**Geheimnisvolle
Liechtensteinklamm**
17 x 24 cm cm
160 S., Hardcover
ISBN 978-3-7025-0715-2
€ 24,00

G'sund und guat
17 x 24 cm
160 S., Hardcover
ISBN 978-3-7025-0646-9
€ 24,00

Naturnah
17 x 24 cm
176 S., Hardcover
ISBN 978-3-7025-0754-1
€ 25,00

Holz Hand Werk
17 x 24 cm
152 S., Hardcover
ISBN 978-3-7025-0862-3
€ 25,00

Erhältlich bei Ihrem Buchhändler oder auf www.pustet.at